JN088045

プロのコーディングが身につく

# HTML/ CSS

千貫りこ 著

# スキルアップレッスン

すぐに活かせてずっと役立つ現場のテクニック

SHOEISHA

## 本書内容に関するお問い合わせについて

このたびは翔泳社の書籍をお買い上げいただき、誠にありがとうございます。弊社では、読者の皆様からのお問い合わせに適切に対応させていただくため、以下のガイドラインへのご協力をお願い致しております。下記項目をお読みいただき、手順に従ってお問い合わせください。

### ご質問される前に

弊社Webサイトの「正誤表」をご参照ください。これまでに判明した正誤や追加情報を掲載しています。

　　正誤表　**https://www.shoeisha.co.jp/book/errata/**

### ご質問方法

弊社Webサイトの「刊行物Q&A」をご利用ください。

　　刊行物Q&A　**https://www.shoeisha.co.jp/book/qa/**

インターネットをご利用でない場合は、FAXまたは郵便にて、下記"翔泳社 愛読者サービスセンター"までお問い合わせください。
電話でのご質問は、お受けしておりません。

### 回答について

回答は、ご質問いただいた手段によってご返事申し上げます。ご質問の内容によっては、回答に数日ないしはそれ以上の期間を要する場合があります。

### ご質問に際してのご注意

本書の対象を越えるもの、記述個所を特定されないもの、また読者固有の環境に起因するご質問等にはお答えできませんので、予めご了承ください。

### 郵便物送付先およびFAX番号

　　送付先住所　〒160-0006　東京都新宿区舟町5
　　FAX番号　　03-5362-3818
　　宛先　　　　（株）翔泳社 愛読者サービスセンター

# ● はじめに

　筆者は2009年から、若手クリエイターやプロを目指す学生、異業種からの転職を目指す社会人などさまざまな立場や年齢の人たちに「講師」として接してきました。その中で、多くの方が同じような言葉を口にすることに気づきました。

- 独学で勉強したので、自分のやり方が正しいのかわからない
- 基本は理解しているけど、応用力が足りない気がする
- 自分のスキルが実務の現場で通用するか心配

　本書は、書籍やオンライン学習サービス、スクールなどでHTMLとCSSの基本をひととおり学んだ方を対象としています。HTMLやCSSの記述方法を理解していて、PhotoshopやXDで作ったデザインカンプの見た目をWebブラウザ上で再現できるスキルをお持ちの方──こう聞いて、「それほどのスキルがあるなら、もう学ばなくてもいいんじゃない？」と考えるのはアマチュアです。この本を手に取ってくれたあなた、前述のような不安や疑問を感じて「もっと上」を目指そうとしているあなたは、すでにプロとして大きな一歩を踏み出しつつあります。

　ところで、この数年で"ノーコード"や"DX"といった概念が一般化しました。専門知識が不要なサイト制作サービスは一般ユーザーにも当たり前のように利用されていますし、デザインカンプ上で選択した箇所のCSSコードを自動生成できる便利なアプリケーションも存在します。遠くない将来、精度の高いHTMLやCSSがAIによって生成される日がやってくるかもしれません。それなのにHTMLやCSSを頑張って学ぶ必要があるのか、疑問に思う方もいらっしゃるのではないでしょうか。

　たしかに「形」を作るだけなら機械でもできます。しかし、Webは運用することを前提としたメディアです。「公開したら終わり」ではありません。そのため、「情報の並び順が変わったら？」「文章量が増減したら？」「制作担当が

誰かに引き継がれたら？」といった不確実な未来を想像しながら制作する必要
があります。デザイン再現の正確さやスピードは、いつか機械に負けてしまう
かもしれません。でも運用まで見すえたコードを書くスキルを携えていれば、
あなたのクリエイターとしての寿命はぐっと延びるでしょう。

　このような"仕事で生きるコード"を書くためのポイントを言語化するのは
難しいのですが、本書では筆者自身のこれまでの経験から思い出せる限りたく
さんの例を、できるだけ具体的に解説したつもりです。

　また、裏テーマとして「プロのクリエイターに必要な心がまえ」もお伝えし
たいと思っています。「なぜそうするのか」を考えられる人、さまざまな選択
肢から「最適な1つ」を柔軟に選び取れる人は、しぶとい。流れの早いWeb業
界で、あなたが10年後も20年後も"代えのきかない存在"として長く活躍する
ためのヒントにしていただけたら幸いです。

# ⬤ 本書について

## ▍本書の流れ

　本書は、ふたりの登場人物「コレカラくん」と「ミライ先輩」が所属する架空の会社「Aspirant」のサイトリニューアルを軸にして話を進めていきます。企画や設計、デザイン工程はすでに済んでいるものと仮定して、コーディング工程にスポットを当てました。

Aspirantのサイト（PC）

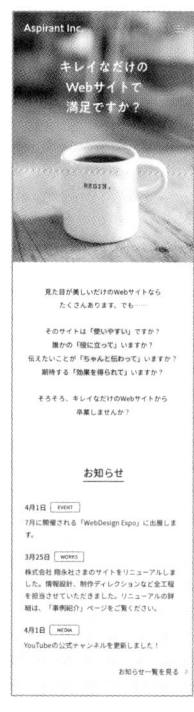

Aspirantのサイト（スマートフォン）

　Aspirantは小さなデザイン事務所です。今回のサイトリニューアルのゴールは「集客を増やし、制作会社としてのブランド力を高める」こと。実績コンテンツへの導線を強化したり、スタッフが技術的な情報を発信するためのBlogを新たに開設したりと、さまざまな施策を盛り込んでいます。その一方で、「自社サイトの運用コストは可能な限り小さく」というのが要件として挙げられています。

このような前提のもと、一般的なコーディング工程の流れにしたがって、

1．支給されたデザインカンプを理解した上での画像書き出し　　（第1章）

2．情報を多くの人に正しく伝えるためのマークアップ　　　　　（第2章）

3．柔軟性・汎用性に配慮したデザイン実装のための準備　　　　（第3章）

4．いくつかの選択肢の中から選ぶ最適なレイアウト手法　　　　（第4章）

5．崩れづらくユーザビリティに配慮したデザイン実装　　　　　（第5章）

6．その場の思いつきに頼らない、計画的なレスポンシブ対応　　（第6章）

を解説していきます。最後の第7章では、メンテナンスしやすいコードを効率よく書くためのヒントを紹介しています。作業順に沿って1章から順に読んでいただいてもよいですし、それぞれの章が独立した内容で構成されているので、気になった章から拾い読みすることも可能です。

## 本書の要素

### Let's TRY

　サンプルデータをブラウザで表示して細部を確認したり、本文で解説されたコードを実際に記述したり、試行錯誤しながら練習問題を解くことによって、理解を深める手助けにしてもらえたらうれしいです。

### コラム

　プロのクリエイターに求められる仕事への向き合い方や、モチベーションの保ち方、今後のキャリアを考えるヒントなどをお伝えします。

## ダウンロードサンプル

Let's TRYで使用するデータは、以下のURLにアクセスして、翔泳社のサイトからダウンロードすることができます。ダウンロードしたZipファイルを展開して、使用してください。

https://www.shoeisha.co.jp/book/download/9784798173009

## 登場人物

**コレカラくん**

　Webサイト制作会社に入社して1年。これまでは運用の仕事ばかりを任されてきたが、このたび晴れて新規制作案件を担当することに。手はじめに任されたのは自社サイト「Aspirant」のリニューアル。期待に胸がふくらむものの、サイトをゼロから構築するのは初めてなのでちょっとドキドキしている。

**ミライ先輩**

　コレカラくんの先輩社員。たくさんの案件にかかわってきた経験を活かして、学校の授業や書籍だけでは学ぶことのできない「現場の知恵」を教えてくれる頼れる存在。「Aspirant」リニューアルプロジェクトを通してコレカラくんが成長する姿をあたたかく見守っている。

# ◯ CONTENTS

## Lesson 1

## デザインカンプを正しく理解する

## Lesson 2

## プレーンな HTML を作成する

# Lesson 6

## レスポンシブ対応する

# Lesson 7

## ワンランク上のコーディングを目指す

# Lesson 1

## デザインカンプを正しく理解する

　Webサイト制作の進め方は、制作会社やクリエイターごとにさまざまです。ときにはデザインの完成形（デザインカンプ）を作ることなくコーディングからスタートすることもありますが、多くの現場では情報設計後にカンプを制作し、デザインがある程度固まってからコーディングをスタートします。コーディング工程をスムーズに進めるために、カンプを見るときに気をつけておきたいポイントを考えてみましょう。

# 1 1 カンプから画像を書き出す

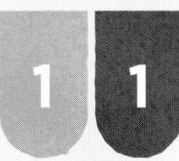

デザイナーさんからデザインカンプを渡された！　いよいよ僕の出番だ。びしっとコーディングするぞー！

コレカラくん、がんばってね。期待してるよ

任せてください。本でしっかり勉強したので、HTML と CSS くらいなら僕 1 人でも大丈夫です

実際のコーディングは、本に書いてある手順どおりに進めるのとはちょっと違うかもよ。わからないことがあったら質問してね

## カンプを見るときに気をつけるポイント

　早くコーディングに取りかかりたい気持ちはいったん抑えて、まずはカンプデータを詳細に確認しましょう（図1-1、図1-2）。早い段階でカンプ上の不明点を解消しておくと、後の工程をスムーズに進められます。ここでは、多くのカンプに共通するチェックしておくとよいポイントを3つ紹介します。

学生さんはもちろん、プロのクリエイターでもカンプからコーディングする機会になかなか巡りあわない人もいます。来るべきその日のために、「カンプの見方」を押さえておきましょう

カンプの幅：1366px

ナビゲーション項目
にポインターが乗っ
たときにどうなる？

メインビジュアルは
PC版もスマートフォ
ン版も同じ画像で
OK？

メインビジュアルの
高さ：450px

キャッチコピーは
画像？　テキスト？

見出しのデザインは
何種類？

画像の形式はJPG？
PNG？

文章量が増えたら写
真の下に回り込む？
回り込まない？

文字数が増えて2行に
なったらどうする？

クリックしたときの
動きのイメージは？

**図1-1** まずはカンプを念入りに確認しよう（PC版）

1

デザインカンプを正しく理解する

375px

タップしてナビゲーションを表示する際の
エフェクトはどんな風にする?

メインビジュ
アルの高さ:
500px

ボタンやブロックの背景色、枠線の色など、
カンプで使われている色の数・種類は?

もう少し大きな画面サイズで表示されたと
き、カラムの数を増やす?　増やさない?

**図1-2** まずはカンプを念入りに確認しよう(モバイル版)

### ▶ ポイント① カンプの外側

　Webサイトの閲覧環境はユーザーごとに異なります。PCで見ている人もいれば、タブレットや
スマートフォンで見ている人もいます。そしてPCはPCでも、持ち歩きに適した小さいノートパソ
コンで見ている人もいれば、巨大なモニターで見ている人もいるでしょう。さらにタブレットやス
マートフォンの大きさもさまざまです。カンプは固定サイズで作られていますが、最終的にできあ
がったWebページは、無限ともいえるたくさんの閲覧環境に対して、それなりにフィットさせる
必要があります。「カンプよりも大きな(小さな)画面で表示されたときにどうなる?」と想像力
を働かせましょう。

　あらためて確認してみると、今回支給されたPC用のカンプは横幅1366pxで作られていることが
わかりました。では横幅1367px以上の画面でこのページを表示したらカンプの外側はどうなるの
でしょうか(図1-3)。

図1-3 カンプよりも大きな画面ではページ上部のバーやメインビジュアルをどのように配置する？

　たとえば、このページを1367px以上の画面で表示した場合、上部の紫色のバー（①）の配置の仕方には以下のような選択肢が考えられます（図1-4、図1-5、図1-6）。

図1-4 選択肢A：画面幅に合わせて（常に100%になるように）伸びる

図1-5 選択肢B：1366pxの幅を保ったまま画面の左に配置される

図1-6 選択肢C：1366pxの幅で画面中央に配置される

　「カンプを忠実に再現するならCで決まり！」と思うかもしれませんが、デザイナーがAを想定している可能性も十分にあり得ます。また、コンテンツが画面の左端に配置されることはあまりないためBの可能性は低いのですが、これも「絶対にない」と言い切ることはできません。

　では、もしAのようにレイアウトした場合、ナビゲーション項目（②）の「お問い合わせ」と「求人情報」の配置はどうなるのでしょうか（図1-7）。こちらも、いくつかの選択肢を考えることができます（図1-8、図1-9）。

**図1-7** 「お問い合わせ」と「求人情報」はどのように配置するのが正解か？

少しでも不明な点があれば、思い込みで突っ走らずこまめに確認しましょう

**図1-8** 選択肢A-1：画面の右端から一定の距離に配置する（画面幅に連動して左右に移動する）

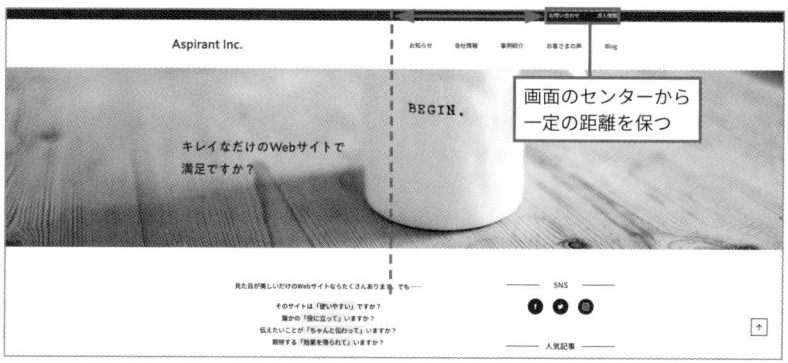

**図1-9** 選択肢A-2：画面のセンターから一定の距離に配置する（画面幅に連動しない）

このように、カンプの外側を想像するといろいろなレイアウトパターンが考えられます。日頃から「このサイトでは、画面幅が変わったときの配置をどのように実装しているのかな？」と意識しながらWebサイトを閲覧する習慣をつけましょう。一般的な実装の考え方が自然と身につきます。

### ▶ ポイント② 状態ごとのデザイン

マウス操作が可能な（PCなどの）デバイスでは、「リンクテキストの上にポインターを乗せたら文字色が変わったり下線が表示される」といった表現がごく一般的に用いられます。このポインターが乗った状態を「hover（ホバー）」と呼び、hover時のデザインはCSSの:hover疑似クラスを使って実装できます。スマートフォンなどのタッチデバイスではhover時のスタイルを表現することはできませんが、リンクエリアがタップ（クリック）された状態のデザインを表現する（:active疑似クラスで実装する）ことはあります。

その他、キーボードのTabキーを使ってリンクエリアを選択したり、入力欄にカーソルを合わせ

たりしている状態を「focus（フォーカス）」と呼びます。focus時のデザインはCSSの:focus疑似クラスを使って実装します。focus時のデザイン実装はうっかり忘れてしまいがちなのですが、たとえばマウスを使わずキーボードで操作しているユーザーにとって「今どこにフォーカスが当たっているのか」は重要な手がかりになるので積極的に取り入れたい表現です（図1-10）。

このような、ユーザーによる操作に連動したデザインをカンプデータ上で指示するやり方は、デザイナーによってさまざまです。「通常時」と「hover時」「active時」「focus時」のレイヤーを別々に作成する人もいれば、「ステート」機能を使う人もいます。

ナビゲーションやリンクテキスト、ボタンなどは「状態」によってデザインを変更する可能性が高いパーツです。指示の有無を確認し、もし見つからないようなら「状態によって変更する・しない」の意図を確認しておきましょう。

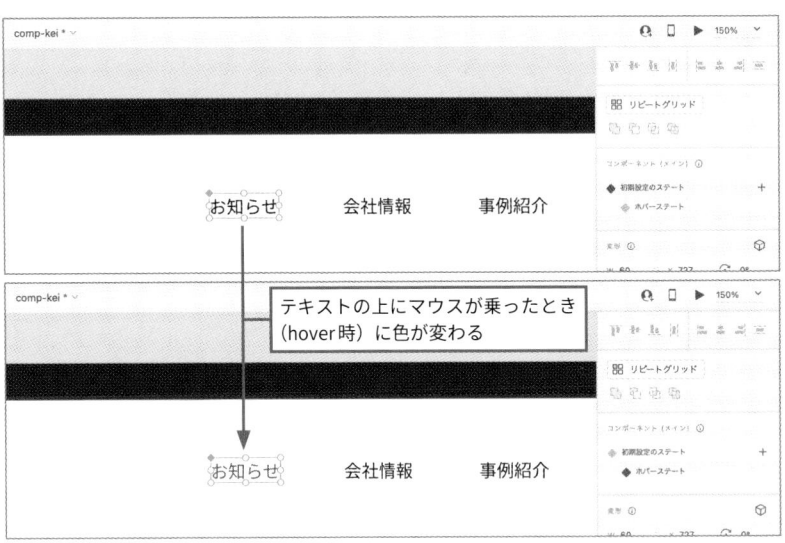

**図1-10** Adobe XDではステートごとに異なるデザインを設定できる

他にも、「ボタンをタップ（クリック）すると画面がスルスルっとスクロールする」や「注意書きがフワッと表示される」といった表現もコーディングで実装しなくてはいけないのですが、こうした「動き」の情報をカンプから読み取るのは至難の業です。一口に「スルスルっ」といわれてもスクロールする具体的な速度はわかりませんし、「フワッと」のイメージも人それぞれですよね。

アニメーションの演出は、「このサイトのこのパーツ」のように、実在のサンプルを見ながらチームメンバー間で意識合わせをしましょう。お手本となるサンプルのコードを確認すればアニメーションのスピードなども数値で取得できるので、イメージどおりの動きをつけることができます。

## ▶ ポイント③ レスポンシブウェブデザイン

**レスポンシブウェブデザイン**（Responsive Web Design）とは、一般的に「1つのHTMLに複数のCSSを適用して多くの閲覧環境に対応する手法」を指します。「メディアクエリー」という仕様を用いることで、画面幅に応じて適用するCSSを切り替えられる[※1]ので、ユーザーの画面サイズに適したレイアウトを提供したり、PCとスマートフォンやタブレットで異なるコンテンツを表示させることなどが可能になります（図1-11、図1-12、図1-13）。

> ※1　CSSを切り替えるきっかけとなる画面幅のポイントを「ブレイクポイント」と呼びます。

**図1-11** PCで表示したとき

**図1-12** スマートフォンで表示したとき

**図1-13** タブレットで表示したとき

レスポンシブウェブデザインは多くのサイトで使用されている手法ですが、さまざまな画面サイズを想定して複数のCSSを準備しなくてはいけないぶん、制作者の工数は増大します。

またレスポンシブウェブデザインのためのコーディングを進めていく中で、デザイナーに確認したり調整したりしなくてはいけない箇所が次々と見つかるものです。最初の段階ですべてを予測する必要はありませんが、もし気になる点があれば早めに確認しておきましょう。

たとえば**メインビジュアルは、デザイナーの意図が特にわかりづらいパーツ**です。PC用カンプとスマートフォン用カンプの画像は同じファイルを流用するのか、はたまた異なる画像を利用するのか？　今回のPC用カンプデータを確認したところ、マスク処理[2]で非表示になっている部分を含めて画像を書き出せばスマートフォン用の画面でも流用できそうですが、あえて「PC用」「スマートフォン用」として別々の画像を書き出す、という選択肢もあります（図1-14）。

※2　特定の領域だけを表示し、それ以外は表示しないようにする画像処理のことです。

PCのカンプで非表示になっている部分

図1-14 1つの画像ファイルを流用するか、それとも……？

PC用のカンプでは、メインビジュアルの幅は1366px、高さは450pxで配置されています。では、画面幅が2000pxのデバイスで表示したときにメインビジュアルの大きさや配置はどのように対応させればよいのでしょうか。もちろん、「こうでなくてはいけない」という絶対的なルールはありません。

たとえば、メインビジュアルの高さはそのままにして、画面に合わせて幅を引き伸ばしてみましょう（図1-15）。

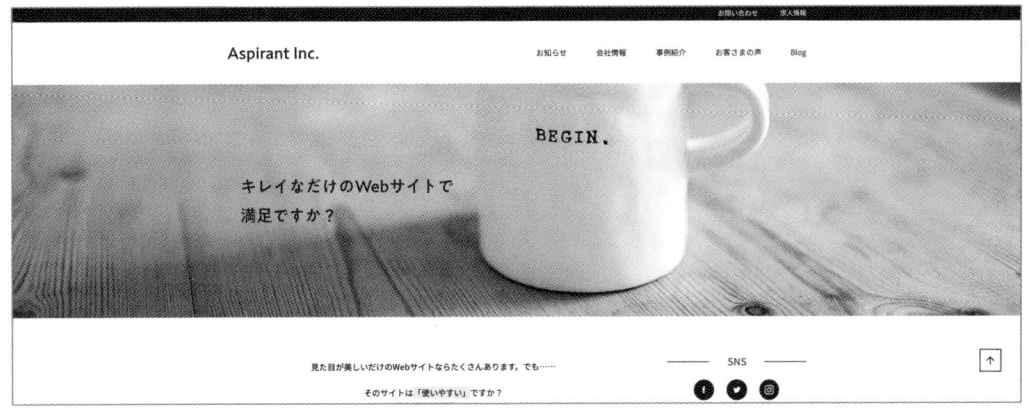

図1-15 メインビジュアルの表示エリアの高さはそのままで、幅のみ引き伸ばしたところ

　メインビジュアルの高さが固定されているため、たとえ幅が広がったとしても、ページ全体のレイアウトは影響を受けずに済みます。ただし写真のトリミングは画面幅の影響をモロに受けるため、キャッチコピーと写真のバランスが崩れてしまったり、注目してもらいたい被写体が中央からずれてしまったりと、メインビジュアルの見せ方をコントロールできません。

　では次に、写真の縦横比を保っている例を見てみましょう。これなら写真を余すところなく見せられますが、画面幅が大きくなればなるほどメインビジュアルの高さも増えていくため「ファーストビューがメインビジュアルに覆い尽くされてしまう」といったデメリットが発生します（図1-16）。

図1-16 画面の幅に合わせて画像を縦横に拡大したところ

デザインカンプを正しく理解する

1

最後は、画面幅にかかわらずカンプどおりのサイズでメインビジュアルを表示させている例です。ページレイアウトも写真のトリミング位置もコントロールできますが、大きな画面で表示したときにこぢんまりとした印象を与えてしまうかもしれません（図1-17）。

**図1-17** メインビジュアルの表示エリアの高さはそのまま固定したところ

さらに考えを進めてみましょう。PC用カンプでは幅1366px・高さ450px、スマートフォン用カンプでは幅375px・高さ500pxといった具合に、メインビジュアルの縦横比が異なります。縦横比を切り替えるブレイクポイントをどこに設定するのか？　画像ファイルをimg要素として埋め込むのかCSS（背景画像など）で表示するのか？　実装時の選択肢はたくさんあります。

メインビジュアルはメッセージの訴求力が強く、ページの印象を大きく左右するコンテンツなので、コーディング担当者1人で実装方法を判断するのは危険かもしれません。ディレクターを含め、チーム全体で「どういう手法で実装するのがベストなのか」を相談しておくと安心です。

## 画像を書き出す

デザイナーの意図を把握できたら、次は画像を書き出します。画像を書き出す際にはその後のコーディング工程をイメージしながら作業しましょう。

### ▶ 画像？　Webフォント？

メインビジュアル上のキャッチコピーに注目してください。一見するとテキストとして実装できそうですが、カンプをデザイン編集アプリで確認すると「A1ゴシック」という珍しいフォントが使われていることがわかりました（図1-18）。このフォントが使われる頻度がそこまで高くないようなら、画像として実装するのが無難でしょう。しかし、見出しすべてにこのフォントが使われて

いたらどうでしょうか。いちいち画像を書き出すのは大変ですね。また、運用時にちょっとした文言変更が必要になったら、そのたびに画像を書き出し直したり、Webサーバーにアップロードしたりする手間が生じます。

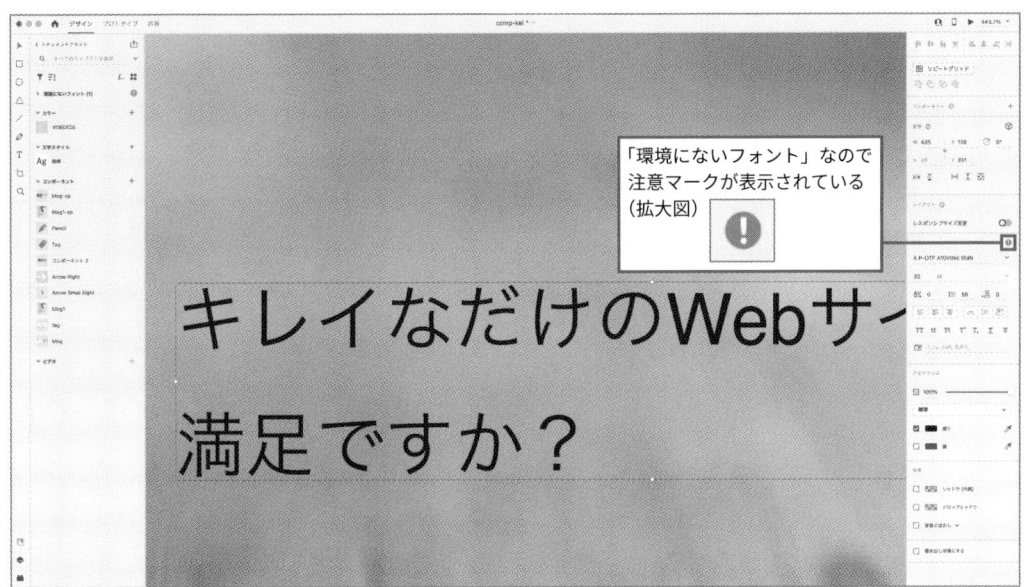

「環境にないフォント」なので
注意マークが表示されている
（拡大図）

キレイなだけのWebサ
満足ですか？

図1-18 キャッチコピーに使われているフォントを確認したところ

　特殊なフォントの使用頻度が高い場合には、Webフォントの利用も検討しましょう。Webフォントなら運用時の作業コストをぐっと抑えられますし、ユーザーのためにコピー＆ペーストの利便性やアクセシビリティも担保できます。拡大表示による画像の「荒れ」も心配いりません（図1-19）。ただしWebフォントの種類によっては有料サービスを利用する必要があります。

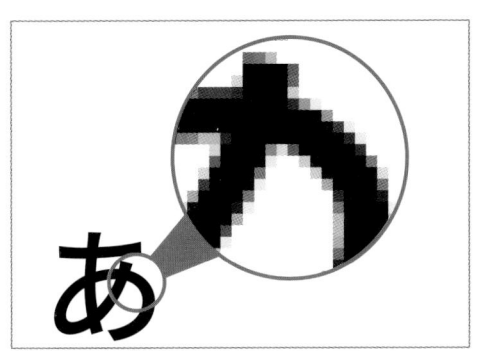

図1-19 文字画像をPNGで保存すると、拡大したときにエッジがギザギザと汚く表示される

また、クライアントのセキュリティポリシーによってはWebフォントの利用そのものが制限される場合もあります。Webフォントを使えるかどうか、事前にきちんと確認しておきましょう。

図1-20 フォントメーカーが提供するWebフォントサービスもある
参照元：TypeSquare（https://typesquare.com/）

図1-21 AdobeがCreative Cloudサブスクリプションの一部として提供しているWebフォント
参照元：Adobe Fonts（https://fonts.adobe.com）

図1-22 Google が無料で提供している Web フォント。日本語フォントも利用可能
参照元：Google Fonts（https://googlefonts.github.io/japanese/）

### ▶ img要素？　CSS？

　メインビジュアルの写真はimg要素にすべきでしょうか？　それともCSSの背景画像や疑似要素として実装するほうが適切でしょうか？

　メインビジュアルを設置する目的や、メインビジュアルに期待する効果はサイトによってさまざまなので、この質問に対する絶対的な正解はありません。ですが、**どんな利用環境でも表示させたい画像ならimg要素、利用環境によっては表示されなくてもよい画像ならCSSで実装する**、というのが基本的な考え方です（図1-23）。

　もしどうしても判断がつかなかったら、「その画像にaltをつけるべきかどうか」を考えてみるとヒントになるかもしれません。alt属性値＝代替テキストは、画像を見ることができない人に対して、画像が提供している情報を言葉で伝えるために記述するものです。

　ロゴや見出し画像など画像そのものに文字情報が含まれていれば、何も考えなくても「altをつけるべき」と判断できます。また、もし画像に文字情報が含まれていなかったとしても、その画像が伝えようとしているメッセージが明確なら、altにすべき文言を自然と思いつくはずです。このような画像はimg要素と考えてよさそうです。

　一方、組織図や路線図、グラフなどのように、altをつけづらい画像であっても、「その画像がなかったらページが成り立たない」「その画像がないと前後の文脈がおかしくなってしまう」ということなら、img要素と判断するのが正解です。この場合は、何とか工夫して適切な代替テキストをユーザーに

届けられるよう知恵を絞りましょう。

　重要なのは、デザインカンプの再現だけに意識を向けないことです。それぞれの画像が持つ意味や、コンテンツ全体の中での役割を考えながら一つ一つ丁寧に判断しようとする姿勢が大切です。

コンテンツとしての意味合いが強く、どんな利用環境でも表示させたい画像

装飾目的で、利用環境によっては表示されなくてもよい画像

図1-23　img要素にしたほうがよい画像（上）、CSSで表示してもよい画像の例（下）

　CSSで表現できる範囲は意外と大きいので、その気になればマンガの吹き出しのような形も画像を使わずCSSだけで作ることができます（リスト1-1、リスト1-2、図1-24）。ネットで検索すると、いろいろな表現が紹介されていておもしろいのですが、他であまり見かけない珍しい表現を行う際には、ブラウザの対応状況を確認しましょう。

　また、検索して見つけたコードをそのままコピー＆ペーストするのではなく「なぜこのコードでこの表現ができるのか」を理解してから使うようにしましょう。

リスト1-1　　HTML　　吹き出しの形を作るHTMLの例

```html
<div class="fukidashi">
    <div class="stroke"> キレイなだけの <br>Web サイトで <br> 満足ですか？ </div>
</div>
```

```css
.fukidashi {
    background: #FAE6FA;
    border-radius: 30px;
    color: #555;
    display: inline-block;
    padding: 50px;
    position: relative;
}
.fukidashi::before {
    border: 30px solid transparent;
    border-left: 40px solid #FAE6FA;
    content: "";
    left: 100%;
    margin-top: -30px;
    position: absolute;
    top: 50%;
}
.stroke {
    color: transparent;
    font-size: 72px;
    font-weight: bold;
    text-shadow: 3px 3px 0 #C78FC7;
    text-stroke: 2px #480C48;
}
```

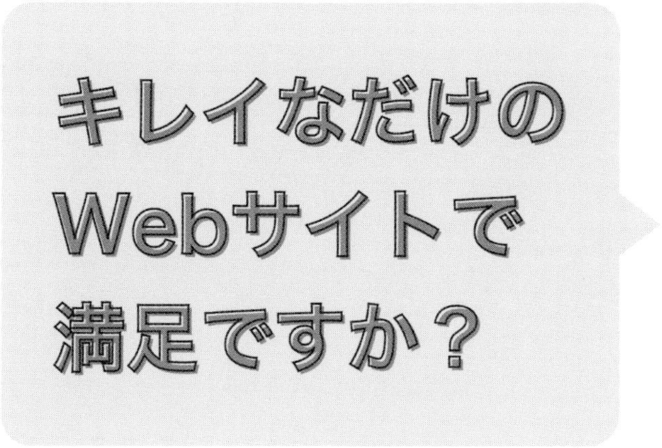

キレイなだけの
Webサイトで
満足ですか？

図1-24 吹き出しや版ずれのような表現もCSSで実装できる

1

デザインカンプを正しく理解する

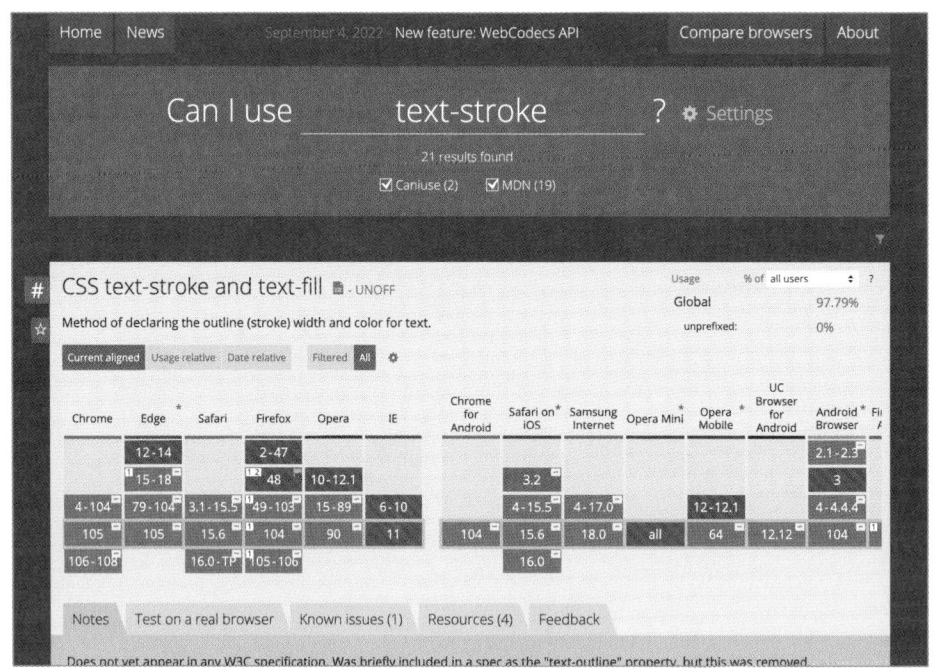

**図1-25** 「Can I use」でtext-strokeプロパティを調べると、注意書きとともに各ブラウザの対応状況を確認できる
参照元：https://caniuse.com/

## キャッチコピーと背景を別々の画像にする

　背景画像の上にキャッチコピーの画像が重なっていると、コーディングの手間を省くために背景とキャッチコピーをまとめて1つの画像として書き出してしまいがちです。しかし、キャッチコピーと背景は別々の画像として書き出すことをおすすめします。理由は2つあります。

　1つめの理由は、**そのほうが表示結果が美しく、かつファイルサイズを抑えることができるから**です。キャッチコピーと背景画像は、それぞれに最適なファイル形式が異なる場合があるのですが[※3]、適切なファイル形式で保存しないと、輪郭がぼやけて見えたり必要以上にファイルサイズが大きくなったりと、さまざまな不具合が起こる可能性があるのです。

　2つめの理由は、**扱いやすく運用に強いから**です。キャッチコピーと背景を別々の画像として書き出しておけば、たとえばデバイスごとにキャッチコピーの配置や大きさを変えることも可能です。また、複数の背景画像を組み合わせたり、「キャッチコピーはそのままだけど季節によって背景画像を差し替える」といった演出を手軽に実装することもできます。

　なお、背景画像を組み合わせる際は、**キャッチコピーとのコントラストをきちんと確保できてい**

**るか気をつけてください**。もし、キャッチコピーと背景の重なり位置によって文字が読みづらくなってしまうようなら、文字を縁取る、文字のうしろに半透明の背景色を敷くなどして、キャッチコピーと背景が一定のコントラストを保つようにしましょう（図1-26、リスト1-3、リスト1-4）。背景に埋もれてキャッチコピーが読めなくなってしまったら、元も子もありません。

※3　22ページの「ファイル形式に迷ったときは？」を参照してください。

黄色い丸と重なった部分のコントラストを
確保するため、背景に半透明の白色を敷いている

お誕生日おめでとう！

図1-26　「テキスト下のライン」「ギフトボックス」「黄色い丸」3つの画像を重ね合わせた例

リスト1-3　　　HTML　　　図1-26のHTML

```html
<div class="multiple-backgrounds">
    <p>お誕生日おめでとう！</p>
</div>
```

リスト1-4　　　CSS　　　図1-26のCSS

```css
.multiple-backgrounds{
    background-image: url(./line.png),url(./circle.png),url(./giftbox.jpg);
    background-position: 0 50px, top left, center center;
    background-repeat: repeat-x, no-repeat, no-repeat;
}
.multiple-backgrounds p{
    background-color: rgba(2555, 255, 255, 0.5);
    display: inline-block;
}
```

デザインカンプを正しく理解する

1

## 画像にレイアウトの要素を盛り込まない

　テキストと画像との間隔をCSSで指定する手間を省くために、画像に余白をつけて書き出したくなるかもしれません。でもそこはぐっとこらえて、余白をつけずに書き出してください。もしコーディングし終わった後でクライアントから「テキストと文字の間隔をもう少し詰めてください」といわれたら、画像をもう一度書き出し直さなくてはいけなくなってしまいます。

　また、デバイスによってテキストと画像の配置を変更しなくてはいけない可能性もあります。「Aspirant」のカンプを見ると、PCでは写真とテキストが横並びですが、スマートフォンではテキストの下に写真が配置されています。つまり、画像左の余白は不要になります。

　このように、画像の周囲の余白は画像自体ではなくCSSで設定しておいたほうが、追加オーダーやデバイスごとの微調整が必要になったとき柔軟に対応できます（図1-27）。

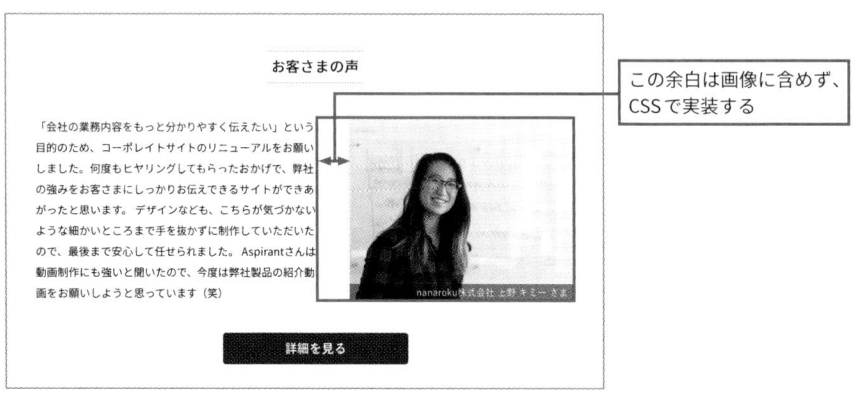

**図1-27** 写真の左についた余白は画像に含めない

　では、図1-28のようなカンプの中のコーヒー豆の画像はどうやって書き出すのが正解でしょうか？

　見たまま「下端が欠けたコーヒー豆」の画像として書き出してもかまわないのですが、もしコーヒー豆のイラストがマスク処理されているのなら「欠けていないコーヒー豆」画像を書き出しておいたほうが、のちのち便利かもしれません（図1-29）。欠けのない状態で書き出しておけば、後から「やはりコーヒー豆全体を表示したい」、あるいは逆に「欠けている面積を増やしたい」といったオーダーにも、簡単に応えることができます（リスト1-5）。

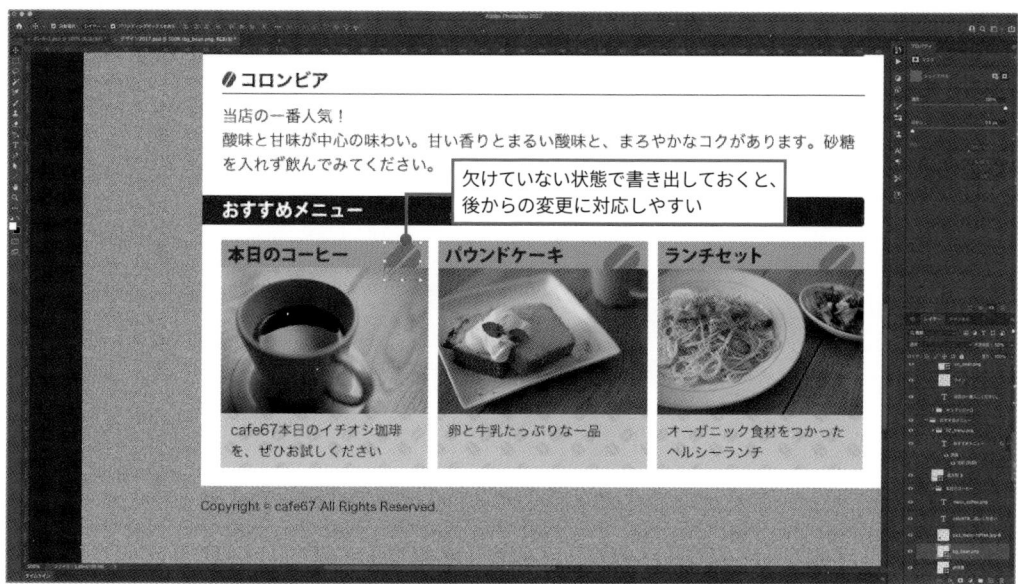

**図1-28** カンプには欠けのない状態のデータが残っている

**図1-29** 欠けていない状態で書き出したbean.png

| リスト1-5 | CSS | background-positionプロパティで、画像の表示位置を調整している |
| --- | --- | --- |

```css
.selector {
    background-image: url(./bean.png);
    background-repeat: no-repeat;
    background-position: right 6px bottom -10px;
}
```

.selectorの下端からさらに10px引き下げた位置を基点にすることで、bean.pngの下部が欠けたように見せることができる

## ファイル形式に迷ったときは？

画像のファイル形式っていつも迷ってしまうんだよなあ……

基本的には、**文字画像・イラスト・アイコンはPNG、写真はJPEG、ロゴはSVGかPNG**と覚えておきましょう。文字画像をJPEG形式で書き出すと、見た目がぼやけた印象になったり、ファイルサイズが大きくなったりする傾向があるため、PNG形式で書き出すのが一般的です。一方、写真をPNG形式で書き出すと、見た目は美しいものの、ファイルサイズが大きくなることが多いようです。Photoshopなど、書き出し時にプレビュー機能が用意されているアプリを使えば、JPEG形式を選んだ場合に「画質」と「ファイルサイズ」のバランスを見きわめながら書き出すことができます。

ではここで、写真の上にキャッチコピーが乗っている画像を、あえて1つの画像ファイルとして書き出してみましょう（図1-30、図1-31）。

**図1-30** PNG形式で書き出した画像

**図1-31** JPEG形式で書き出した画像

ファイルサイズを比べると、PNGが808KBでJPEGが36KB。大違いです。ファイルサイズだけ見ると JPEG 形式で書き出したくなるのですが、JPEG 形式では文字の周囲がモヤモヤとしてハッキリしない印象になっているのがおわかりでしょうか。文字の色も少し変わってしまっていますね。

こういう場合はやはり、キャッチコピーはPNG、写真はJPEGファイルとして書き出すのが正解です。2つの画像をCSSで重ね合わせれば、ファイルサイズの合計を40KB程度に抑えられる上にキャッチコピーもくっきりときれいに見せられます。

**表1-1** ファイル形式ごとの特徴

| | PNG | JPEG | SVG |
|---|---|---|---|
| 正式名称 | Portable Network Graphics | Joint Photographic Experts Group | Scalable Vector Graphics |
| 表現形式 | ビットマップ | ビットマップ | ベクター |
| 特徴 | 同じファイルに対して保存をくり返しても画質が劣化しない。αチャンネルを持たせることができるので、背景を透明にしたり半透明にしたりといった表現が可能 | 保存時に圧縮率を変更することで、画質とファイルサイズのバランスを調整できる。圧縮率を上げるとブロックノイズが発生し、ぼやけた印象になりやすい | XML にもとづくマークアップ言語。テキストなのでグラフィックエディターを使わずに編集できる点が PNG や JPEG と大きく異なる。またベクター画像のため、拡大や縮小をしても画質が荒れることがない |
| 向いている画像 | 文字画像、色数の少ないイラスト、アイコンなど | 写真、精緻なイラストなど | ロゴ、アイコンなど |

見た目の印象が悪かったり表示速度が妙に遅いページは、画像のファイル形式がきちんと検討されていないことが多いです。めんどうくさがらず、ひと手間かけておきたいですね

# 1 2 HTML/CSSファイルを新規作成する

画像ファイル名のつけ方や、フォルダー構成のルールを教えてください！

プロジェクトによってはルールが設けられていることもあるけど、今回は特に決まってないみたいね

では、僕の好きにしちゃっていいんでしょうか？

今後もずっと自分1人で管理していけるならいいけど、いずれ他の誰かにデータを引き継ぐ可能性があるでしょう？
後任者を困らせないよう、できる限り汎用性の高いファイル管理方法を考えてみよう

デザインカンプから画像を書き出し終えたら、いよいよコーディングの準備です。専用のフォルダーを作って、書き出し済みの画像を格納したりブランク（空白）のHTMLファイルを作成します。

## フォルダー構成

膨大な数のファイルがずらっと並んでいると、編集したいものを見つけ出すだけでもひと苦労です。ルールを作ってフォルダーごとに分類しましょう。分類ルールを決めるポイントは2つあります。

### ▶ ①種類で分ける

数ページから十数ページ程度の小規模なサイトなら、HTMLはルートフォルダー、画像・CSS・JavaScriptはそれぞれ専用フォルダーに格納しておくとわかりやすいです。CSSは「css」、JavaScriptは「js」、画像専用フォルダーには「img」「image」「images」といった名前をつけることが多いです（図1-32）。

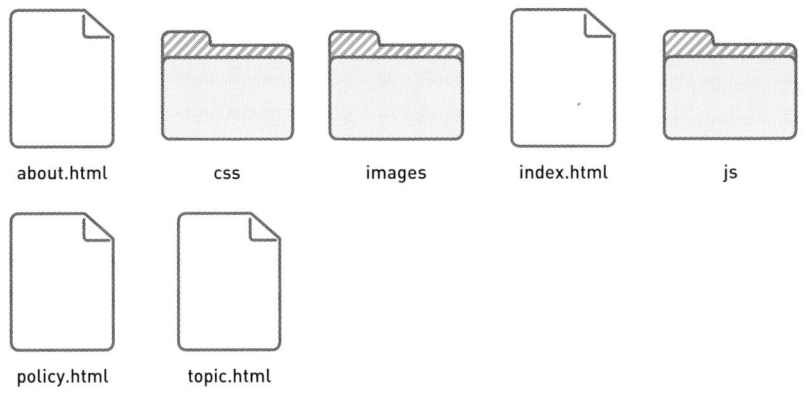

about.html　　css　　images　　index.html　　js

policy.html　　topic.html

**図1-32** ファイルの種類によってフォルダーを分けた例

　このように、ファイルの種別ごとにフォルダーを分けておけば、CSSを編集したいときには「css」フォルダー、画像を追加・編集したいなら「images」フォルダーを開けばよいので、もっとも単純でわかりやすい分類方法といえます。

　ただし、サイトの規模が大きくなってくるとルートフォルダー直下に並ぶHTMLファイルの数が増えて見通しが悪くなりがちです。「images」フォルダーの中にも、たくさんのファイルがずらっと並ぶことになってしまいます。

### ▶ ②カテゴリーで分ける

　規模が大きなサイトの場合は、情報カテゴリーごとにサブフォルダーを作って、その中にHTMLだけでなく画像やCSSまでまとめて格納してもよいでしょう（図1-33）。カテゴリーとフォルダー構造を連動させておけば、「このページのデータはどこかな？」という視点でファイルを探し出すことができます。

　カテゴリーで分類したときのデメリットは、どうしてもフォルダーの階層が深くなってしまうことです。たとえば「FAQのスタイルを変更したい」と考えたときには、まず「faq」フォルダーを開いて「css」フォルダーを探し、「css」フォルダーを開いて任意のCSSファイルを編集する……といった具合に、目的のファイルを見つけ出すまでの手間がいくつか増えてしまいます。

　一つ一つの動作は大した負担ではありませんが、こうした作業が無数に積み重なっていくと効率化の妨げになる場合もあります。

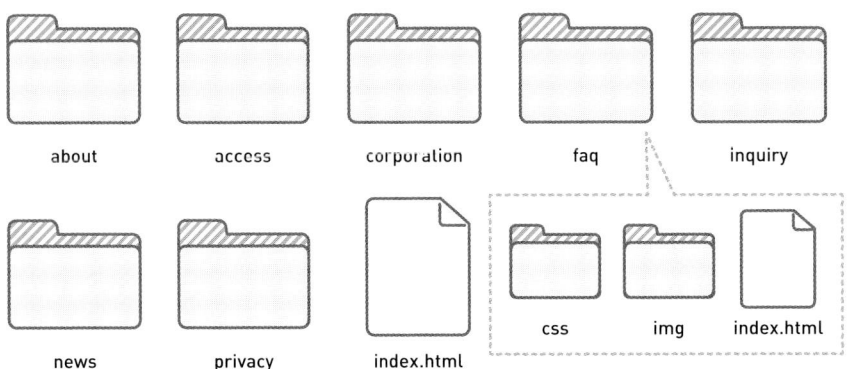

図1-33 サイト内のカテゴリーに合わせてフォルダーを分けた例

そこで、①と②を組み合わせて「CSSや画像は種類ごとに分類し、ページ数の多いカテゴリーのみサブフォルダーを作ってHTMLファイルを格納する」といった構成も考えられます（図1-34）。Webサイトは、公開後にカテゴリーやページ数が増減する可能性もあります。可能な限り先を見通して、変化に対して柔軟に合わせられそうなフォルダー構成を検討しましょう。

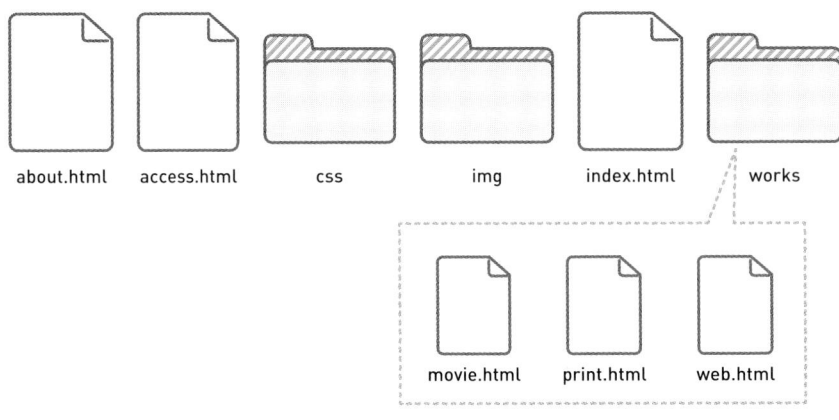

図1-34 ①と②を組み合わせた例

サイトの規模や現場の状況に合わせて使いやすい構成を考えましょう！

## ファイル名

ファイル名が「1.html」や「2.html」だと、どんな内容のファイルなのか想像しづらいですね。ファイル名から中身が何となく想像できるようにしておくと、ファイルを探す手間を省くことができます。

### ▶ 悪い例①連番

名前を考えるのが面倒になって、つい連番をふってしまうことがあります。しかし公開時には連番で成立していたとしても、公開後にファイル数が増減したら矛盾が生じるかもしれません。

たとえば、「1.png」「2.png」「3.png」のうち「2.png」が不要になってしまったら連番が歯抜けになって気持ち悪いですよね。数字だけでなく、アルファベットによる連番も同様です。「実績ページはworks.html」や「サービス紹介ページはservice.html」など、内容に合わせた命名を心がけましょう。

### ▶ 悪い例②スペルミス

もしファイル名に英語を使うなら、正しいスペルで表記しましょう。たとえば、バナーを「banar」、ナビを「nabi」、ロゴを「rogo」、ボタンを「botton」のように、スペルを間違って表記しているケースを見かけることがよくあります。正しいスペルは、Webの辞書サービスなどを使って調べればすぐにわかります。一度覚えてしまえば次から使い回せるので、最初だけでもきちんと調べる習慣をつけましょう。

### ▶ ソートを意識する

PCでファイルをリスト表示すると、通常はファイル名にしたがって自動的に並び替えられます。このソート機能を利用して、ファイル名の先頭に「グループ」や「種別」を表す文言をつけておくと、自動的にグループ別に表示されるようになるのでファイルを見つけやすくなります。

たとえばメールアイコンなら「icn_mail.png」、鉛筆アイコンなら「icn_pencil.png」のように命名します（表1-2）。

表1-2 画像ファイル命名の例

| 画像の種別 | ファイル名のプリフィックス |
|---|---|
| アイコン | icn_ |
| 写真 | pct_ |
| タイトル文字 | ttl_ |
| ボタン | btn_ |
| 背景 | bg_ |

デザインカンプを正しく理解する

　プロのデザイナーとはいえ、常に100点満点のクオリティを保てるわけではありません。デザイナーから支給されたカンプを計測していると「画像の上部の余白が、あちらは10pxなのにこちらは9px空いている」「同じ緑色に見えるけど、あちらとこちらではカラーコードの値がわずかに違う」といった微妙な違和感に気づくことがあります。

　「カンプをそのままそっくりに再現しなくてはいけない」と、違和感を無視してCSSを調整する人が多いのですが、明らかにデザイナーのケアレスミスと思われる差異なら、コーディング時に吸収してしまいましょう。ただ、ケアレスミスなのかどうか判断がつきづらいケースもあります。特に要素間のスペースは、グルーピングやテンポ感の演出などを目的として緻密に設定されていることも多いので、うかつに変更してしまうのは危険です。日頃からレイアウトや配色の基本に興味を持って勉強しておくと、カンプの正誤を判断する際の自信がつきます。

　その他、コーダーだからこそ気づけるポイントとして「色のコントラスト比」が挙げられます。ページのアクセシビリティを確保するには、テキストとその背景との間に十分なコントラストを提供することが求められます。しかし、いざカンプを確認してみるとコントラスト比が小さいことは珍しくありません。というか、結構あります。コントラスト比はベテランのデザイナーでも見落としがちなポイントなので、コーディング業務の一環としてチェックすることをおすすめします。「色のコントラスト比　ツール」といったキーワードで検索するとWebサービスやアプリが見つかるので、使いやすいものを導入してください。

　与えられたカンプをただ機械的に再現するのではなく、コーダーならではの視点で気づいたことをデザイナーや周囲の関係者に伝えて、成果物の品質アップに貢献しましょう。

# Lesson 2

## プレーンなHTMLを作成する

見た目がどんなに美しくても、文章がすばらしくても、HTMLの品質が悪かったら「よいWebページ」とはいえません。HTMLの書き方を少しくらい間違ったとしてもブラウザでの表示結果には影響しませんが、だからこそ、プロのクリエイターなら「正しいHTML」「伝わるHTML」を常に意識しましょう。HTMLの品質はサイトの品質に直結するといっても過言ではありません。

# HTMLについて知っておきたいこと

いきなりだけど、「よい HTML ってどんなの?」と聞かれたらどう答える?

難しい質問ですねえ……。あらためて聞かれると何て答えたらいいのかわからないなあ

じゃあ、HTML を一度おさらいしてから実際のコーディングに取りかかってみようか

はい、お願いします!

## HTML の仕様

　HTMLとは、Hyper Text Markup Languageの頭文字を取ったものです。日本語にすると「ハイパーテキスト(Hyper Text)を扱うためのマークアップ言語(Markup Language)」といったところでしょうか。ハイパーテキストとは、複数の文書が相互に結びついた仕組みのことです。ネットワーク上のさまざまなデータがハイパーテキストでつながっていれば、ユーザーは自分の興味のおもむくまま自由な順序で情報を得ることができます。

　HTMLには、「仕様」と呼ばれるルールが存在します。仕様書はインターネットに公開されているので、誰でも無料で読むことができます。ただ原文が英語であることに加え、仕様書の読み方を知らないと難しく感じるため、一度も読んだ経験がない人もいるでしょう。しかしプロのクリエイター(またはプロを目指す人)ならば、疑問が浮かんだときには何はさておき仕様書にあたる習慣を身につけましょう。**検索してたまたま見つけた、誰が書いたのかもよくわからない不確かな情報を頼りにするのは危険**です。

　現在のHTMLの仕様はWHATWG(Web Hypertext Application Technology Working Group)と

いう団体が策定しています。日本語訳もありますが、どうしても翻訳作業が遅れがちです。仕様は日々更新されているので、最新の情報が必要なときには原文のページを確認してください。翻訳サービスを使えば大抵のことは理解できるはずです。仕様書には、たとえば「この要素の中にあの要素を記述してはいけない」といったルールが記されています（図2-1）。

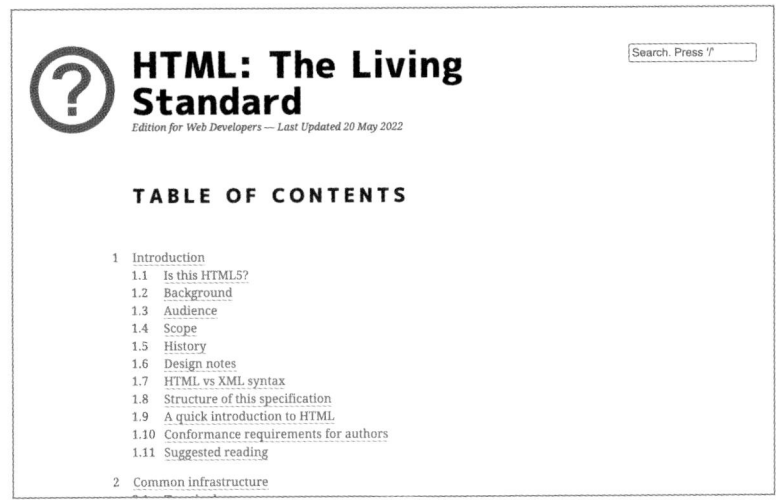

**図2-1** 開発者向けの仕様を誰でも読むことができる
参照元：HTML Standard, Edition for Web Developers（https://html.spec.whatwg.org/dev/）

　仕様そのものではありませんが、**仕様にもとづいた、実務に役立つ情報に触れることができるのが「MDN Web Docs（通称：MDN）」です**。MDNでは、HTMLだけでなくCSSやJavaScriptに関する技術情報も読むことができます（図2-2）。MDNは世界中の技術者やライターが参加しているオープンコミュニティであり、コードのサンプルも豊富に掲載されているので、仕様書を読んだだけでは理解しづらい点を補うことができます。本書では、このMDNを引用しながら解説を進めていきます。

**図2-2** 「MDN Web Docs」は実践向きの情報が豊富に掲載されている
参照元：https://developer.mozilla.org/ja/

## HTMLが処理される流れを意識する

　Webコンテンツを利用する際にはChromeやEdge、SafariといったWebブラウザを用いるのが一般的です。しかし、コンテンツをダウンロードして保存するための「ダウンローダー」や、検索サイトのインデックスを作成するための「クローラー」などもWebコンテンツを利用しています。Webブラウザやダウンローダー、クローラーなどを総称して「ユーザーエージェント（UA）」と呼びます。

　ユーザーエージェントは、HTMLを解析するためのプログラム「パーサー」を通して「DOMツリー」と呼ばれるデータを構築します。

　HTMLを記述する際には、ユーザーエージェントが作りだすDOMツリーをイメージすることが重要です。なぜなら、DOMツリーはブラウザでの表示結果やJavaScriptによる操作と深く関係しているからです。**DOMツリーを意識することで、CSSのコーディングもスムーズに行えるようになります**。

　次のHTMLを例に考えてみましょう（リスト2-1）。このHTMLの構造をDOMツリーにしてみると図2-3のようになります。

| リスト2-1 | HTML | 見出しと段落 |
| --- | --- | --- |

```
<html>
    <head>
    ...
    </head>
    <body>
        <h1> 見出しの例 <h1>
        <p> 段落の中には <strong> 重要な箇所 </strong> や <a> リンクテキスト </a> が含まれてい
ます <p>
    </body>
</html>
```

　階層が深くなればなるほど枝分かれして広がっていく構造のことを「ツリー構造」と呼ぶんだって

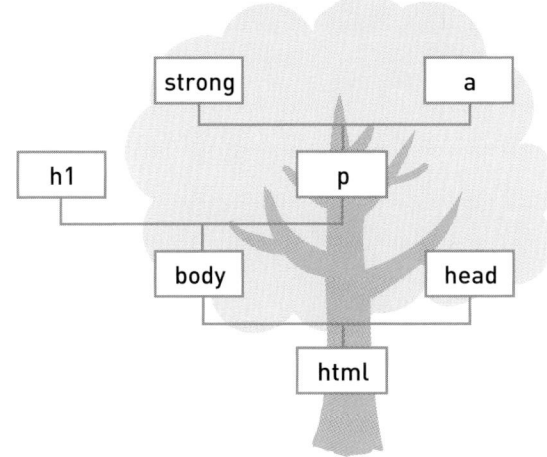

図2-3 リスト2-1のHTMLから構築されたDOMツリーのイメージ図。ツリー＝木のように枝分かれしている

## ■ 要素、属性、コンテンツ

　タグ、属性、要素の関係は図2-4のとおりです。DOMツリーをイメージする練習として、**「ここにタグが記述されている」ではなく、「ここに要素がある」という捉え方**をしてみてください。実際のところ、CSSでレイアウトするのもデザインを適用するのもすべて要素を1単位として行います。HTMLのソースコードを見るときには「タグ」ではなく「要素」に注目する習慣をつけましょう。

図2-4 それぞれの名称を正しく覚えて使おう

　属性は、タグだけでは伝えきれない情報を追加するために使います。

　<a>リンクテキスト</a>のようにaタグを記述すれば「ここにリンクエリアがありそうだ」ということは伝わるかもしれませんが、実際のリンクは生成されません。href属性でリンク先の情報を補って初めてリンクが生成され機能します。

　img要素のalt属性など、何となく当たり前のように記述しているコードも、それぞれに意味があります。「なぜそれを書くのか」「どんな役割があるのか」など、こまめに仕様書で確認しておくと自信を持ってマークアップできるようになります。

# 2　2　マークアップの準備

コレカラくんは、実務でコーディングしたことはあるんだっけ？

すでに運用中のサイトでちょっとしたパーツを追加したり、お知らせページを更新したことはあります

それなら、HTMLの書き方については教えなくてもよさそうね。マークアップの準備に進もう

## HTMLファイルにテキスト原稿を追加する

　マークアップの作業をはじめる前に、ブランクのHTMLファイルにテキスト原稿を記述します。手入力は可能な限り避けてください。**どんなに短い文章でも、とにかくコピー＆ペースト**、これは鉄則です。ただ、原稿がWord書類などで支給されていればコピー＆ペーストするのも簡単ですが、実務の現場では「デザインカンプから抽出して」といわれることが少なくありません。

　もしデザインカンプをPDFとして書き出すことができれば、PDFビューアー上で「すべてを選択」することでテキストを一括でコピーできます（図2-5）。また、そのデザインカンプが作られたアプリ名に加えて「テキスト抽出　プラグイン」などのキーワードで検索すると、テキスト情報を一度に抽出できるプラグインが見つかるかもしれません。いずれにせよ、**いかに効率よく作業できるか、ケアレスミスを避けられるか**を常に考えるようにしましょう。もちろん、最後は目視によるチェックが必須です。

図2-5 Adobe XDで作られたカンプから書き出したPDFの、テキスト部分を選択したところ

「短いテキストなら、いちいちコピー＆ペーストするより自分で入力したほうが早い」と考えがちですが、その場合にはくれぐれもミスタイプしないようにしてくださいね。とりわけ固有名詞を入力したときは注意深く何度も確認しましょう。英語表記の社名やブランド名では、大文字・小文字の違いも許されないので気をつけてください

# 2 3 見出しをマークアップする

カンプを見ると、「お知らせ」「最新の事例」「お客さまの声」「Blog」「人気記事」「SNS」はいかにも見出しっぽいですね

見出しレベルはどうする？

社名ロゴをh1、キャッチコピーをh2にしようかな。そうすると「お知らせ」はh3ですね

「お知らせ」をh3にする理由を聞かせてもらってもいい？

だってキャッチコピーと比べると「お知らせ」の文字は小さいじゃないですか。だから、キャッチコピーがh2なら「お知らせ」はh3かなと……

HTMLファイルにテキスト原稿をペーストしたら、まず見出しタグ（h1〜h6）をつけていきます。「見出しからマークアップしなくてはいけない」という決まりはありませんが、**最初に見出しを設けることでページ全体のアウトライン（概要）をつかみやすくなります**（図2-6）。

図2-6 まず全体を見て、見出しらしき箇所を
確認しておこう

## 見出しレベルを判断するポイント

　見出しレベルを検討する際には1冊の本を想像してみてください。本は「章」と呼ばれるいくつかのお話が集まって1冊分の大きなテーマを表現していますよね。長編小説などは「章」で終わらず、「章」を構成する「節」と呼ばれる小さなお話のかたまりで構成されている場合があります。技術書や実用書ではさらに細かく、「節」を構成する「項」が存在するのが一般的です。

　では、本の構成をそのままHTMLに置き換えてみましょう。本の題名をh1とすると、各章の見出しはh2、節の見出しはh3、項の見出しはh4となります。

　さて、あなたはこんなHTMLコードを見たり書いたりしたことはありませんか？

　①h1がどこにも存在しない

　②h1の次にh3が出現する

　これを本に置き換えて考えると、

　①表紙に題名が書かれていない

　②章が存在せず、いきなり節で構成されている

のと同じ状態です。こんな本は不自然ですよね。

　原稿をきちんと理解して正しい見出しレベルでマークアップしておかないと、その本（Webページ）に何が書かれているのか、つまり情報のアウトラインが適切に伝わらなくなってしまう可能性があります。見出しレベルは慎重に検討しましょう。

　なお、**見出しのマークアップを行う際にはデザインカンプに頼りすぎないようくれぐれも注意してください**。というのも、デザイナーは情報のアウトラインを把握した上で、あえてさまざまなデザインを見出しに施す場合があります。ですから、カンプの文字の大きさや装飾に頼って見出しレベルを判断していると知らず知らずにアウトラインが狂ってしまう可能性があるのです。

　カンプを見ると、右カラムの「人気記事」と「SNS」の見出しは同じデザインですが、同じレベルの見出しとしてマークアップするのは間違いです。なぜなら「人気記事」は左カラムにある「Blog」の小見出しと考えたほうが自然だからです。ブログの最新記事3件と人気記事5件を総合して「Blog」という見出しがつけられていると考えると、「人気記事」は「Blog」の見出しレベルより1つ下がります。一方「SNS」は「Blog」と同等の見出しレベルと考えるのが妥当でしょう（図2-7）。

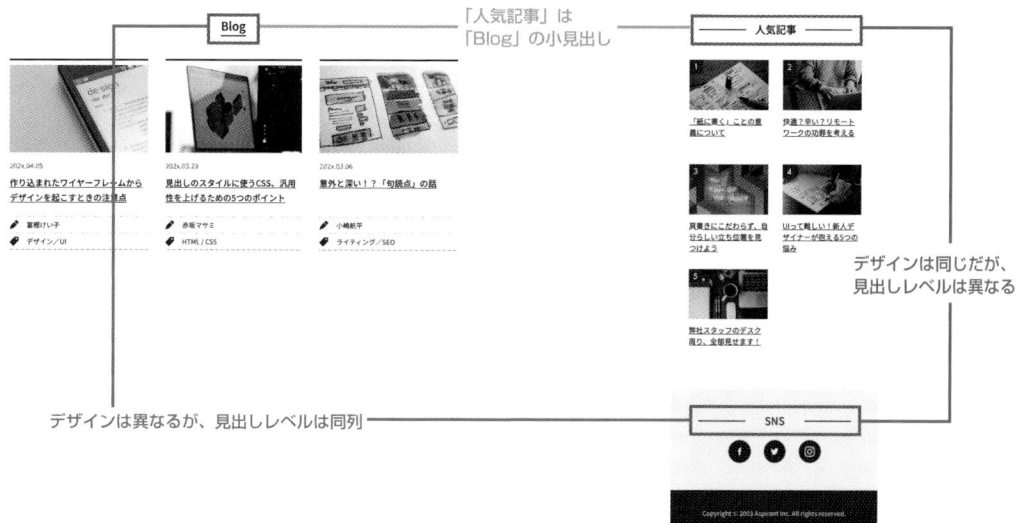

「人気記事」は
「Blog」の小見出し

デザインは同じだが、
見出しレベルは異なる

デザインは異なるが、見出しレベルは同列

図2-7 「人気記事」は「Blog」の一部なので、デザインと切り離して見出しレベルを考える必要がある

## 見出しのマークアップ例

「たかが見出し」と思っていたけど、じっくり取り組むと深いですね

見出しはそれだけ重要な情報、ということもできるよね

リスト2-2　　　HTML　　コレカラくんがマークアップした見出し

```
<h1> キレイなだけの Web サイトで満足ですか？
    <h2> お知らせ
    <h2> 最新の事例
    <h2> お客さまの声
    <h2>Blog
        <h3> 人気記事
    <h2>SNS
```

# 2 | 4 情報を区分化する

見出しの次は、区分化のためのタグを追加しよう

区分化？　何だか難しそうだなあ

headerタグやfooterタグは知ってる？

あ、それなら知ってます！　そっか、区分化って情報をグループ分けすることですね。でも、何のためにグループ分けするんだろう？

　仕様書で「区分コンテンツ（Sectioning Content）」とされている要素は、aside、nav、article、sectionです。それらに加え、header、footer、mainといったタグを使って情報を区分化しましょう。

　たとえばロゴやナビゲーションなど、いわゆる「ページヘッダー」にあたる部分はheader要素、コピーライトや関連ページへのリンクはfooter要素としてマークアップします。ナビゲーションはnav要素、本文からちょっと外れる内容（広告など）はaside要素にするのが一般的です。

　適切に区分化しておくことで、多様な閲覧環境に対応できるようになります。たとえばナビゲーションをnavタグで囲んでおくと、スクリーンリーダー（画面読み上げソフトや、OSの画面読み上げ機能）が「ここはナビゲーション」とユーザーに伝わるように読み上げてくれます。

　また、メインコンテンツ部分をmain要素としてマークアップしておけば、リーダー機能（広告や装飾などの情報を取り除いて、本文中のテキストや画像を読みやすくする機能）を持つブラウザに対応させることができます（図2-8）。他にも、スクリーンリーダーの利用者がメインコンテンツの開始位置（main開始タグの位置）までジャンプすることもできるようになります。

**図2-8** Safariの「リーダー」機能を使って、メインコンテンツだけを抽出して表示したところ

## articleとsectionの使い分け

　articleとsectionはどちらも、「見出しとそれに続く内容」のまとまりを表すためのタグです。そのため、どうやって使い分ければよいのか迷う人が多いようです。「MDN Web Docs」によると、article要素は、

> 文書、ページ、アプリケーション、サイトなどの中で自己完結しており、（集合したものの中で）個別に配信や再利用を行うことを意図した構成物を表します。
>
> 出典：https://developer.mozilla.org/ja/docs/Web/HTML/Element/article

と説明されています。

　もう少し具体的にイメージするために、ニュースサイトやウェブマガジンのサイトを想像してみましょう（図2-9）。サイトにはさまざまな記事が並んでいますが、一つ一つの記事の配信元や筆者はそれぞれ異なります。でも、たとえ配信元が違ったとしても「そのサイトのコンテンツ」として違和感なく読むことができますよね。このように**配信元から切り離して別の場所で再利用できる、つまり自己完結しているコンテンツはarticle要素**と判断することが可能です。

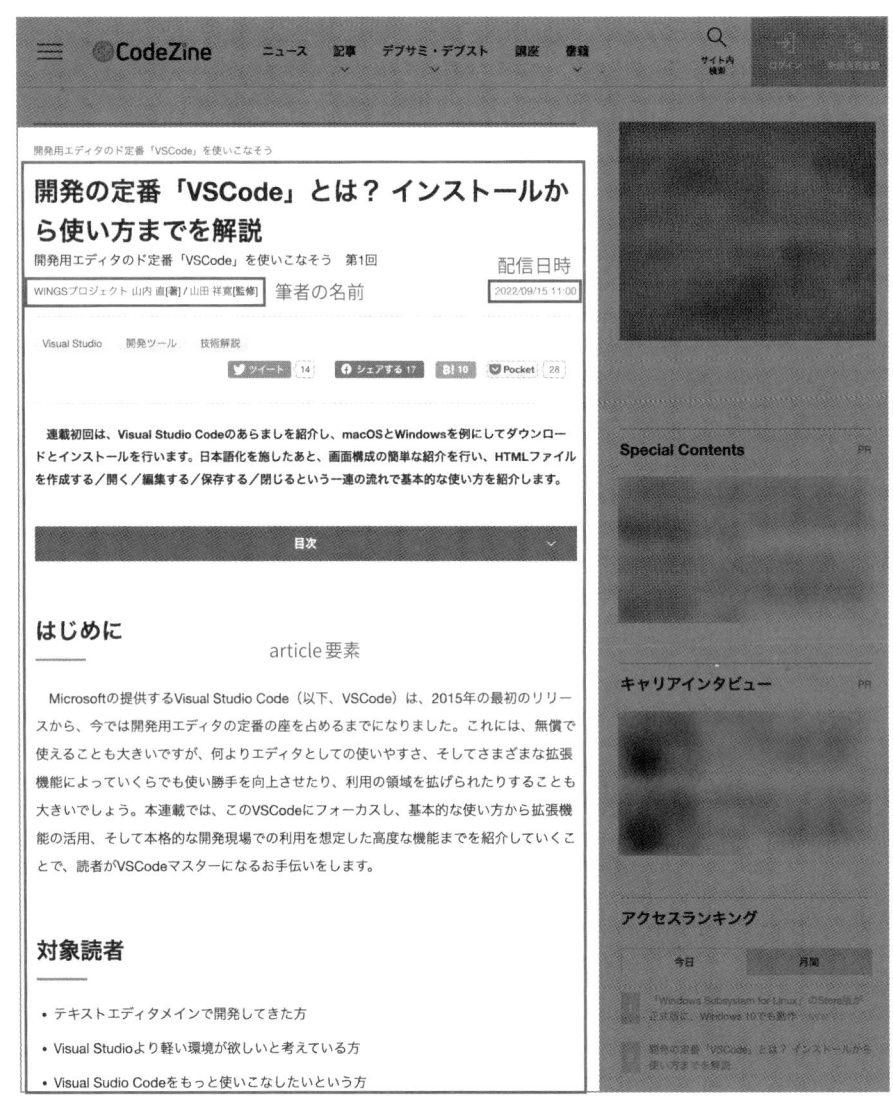

**図2-9** ウェブマガジンの記事は、提携先の別サイトで再利用されることも多い

ここで気をつけたいのは、**一般的なWebページにおいて、article要素になり得る情報はそう多くない**、ということです。ところがあちこちのWebページのHTMLを覗いてみると、意外とたくさんのarticleタグを見かけます。もちろんすべてを「間違い」と言い切ることはできませんが、「articleよりsectionのほうがふさわしいのでは？」と思われるケースも多々あります。

　では、先ほどの「MDN Web Docs」でsection要素も確認してみましょう。section要素は、

> 文書の自立した一般的なセクション（区間）を表します。そのセクションを表現するより意味的に具体的な要素がない場合に使用します。
>
> 出典：https://developer.mozilla.org/ja/docs/Web/HTML/Element/section

と説明されています。

　articleと異なり、「自己完結」や「再利用」という文言は見当たりません。つまりsectionはarticleより汎用的な情報構成の単位を表すための要素、ということになります。

　さらに、続けて書かれているもう1つの説明文にも注目してもらいたいのですが、

> 少数の例外を除いて、セクションには見出しを置いてください。

とあります。見出しを持たないsection要素も、濫用されるarticleと同じくらいよく見かけるのですが、**基本的に、section要素の直下には見出しを置くもの**と考えましょう（リスト2-3）。

| リスト2-3 | HTML | 区分化のタグでマークアップしたところ |
|---|---|---|

```
<header>
    Aspirant Inc.
    <nav>
        お知らせ
        会社情報
        事例紹介
        お客さまの声
        Blog
        お問い合わせ
        求人情報
    </nav>
</header>
<main>
    <h1> キレイなだけの Web サイトで満足ですか？ ></h1>
```

```
            ...
            <section>
                <h2> お知らせ </h2>
                ...
            </section>
            <section>
                <h2> 最新の事例 </h2>
                ...
            </section>
            <section>
                <h2> お客さまの声 </h2>
                ...
            </section>
            <section>
                <h2>Blog</h2>
                <section>
                    <h3> 人気記事 </h3>
                    ...
                </section>
            </section>
            <section>
                <h2>SNS</h2>
                ...
            </section>
        </main>
        <footer>
            ...
        </footer>
```

ニュースやプレスリリース、ブログのエントリーなど、「記事」と呼ぶのにふさわしい情報は article 要素としてマークアップしましょう

# Column 区分化のヒント

　情報を区分化していて迷ったときのために、YES/NOチャートを用意しました（図2-A）。チャートの結果がいつも正解とは限らないのですが、これからマークアップしようとしている内容と照らし合わせながら進めてみると、迷ったときのヒントになるかもしれません。

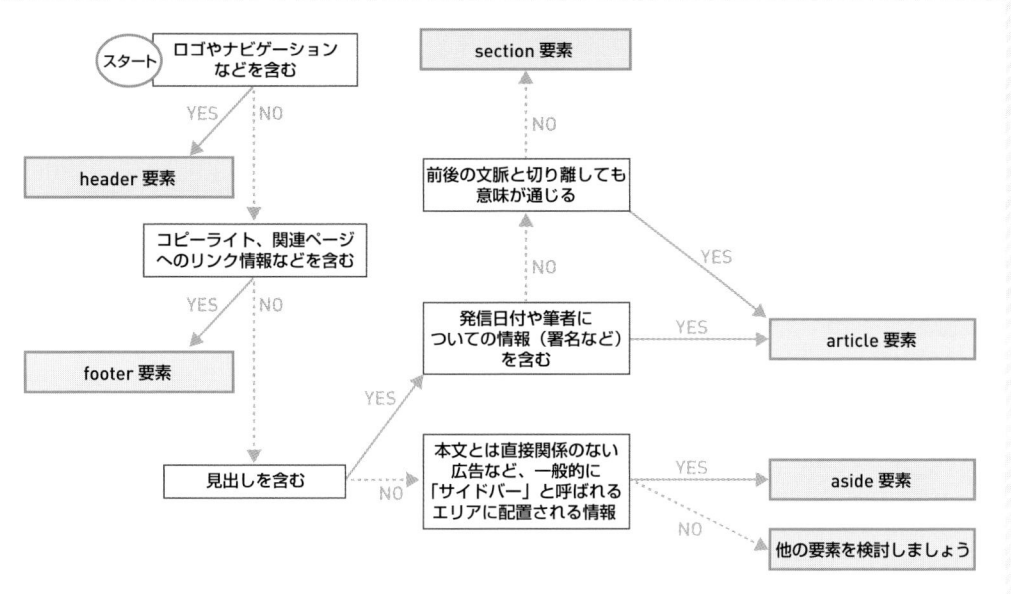

図2-A　YES/NOチャート

# 2 5 テキストをマークアップする

見出しはできた。区分化も完了！

どれどれ……うーん、明らかに「ダメ」とはいえないけど、もう少し考える余地がありそうだね

| リスト2-4 | HTML | コレカラくんがマークアップしたHTML |

```
<main>
    <h1><img src="./img/copy.png" alt=" キレイなだけの Web サイトで満足ですか？ "></h1>
    <p> 見た目が美しいだけの Web サイトならたくさんあります。でも……</p>
    <p> そのサイトは「使いやすい」ですか？ <br>
    誰かの「役に立って」いますか？ <br>
    伝えたいことが「ちゃんと伝わって」いますか？ <br>
    期待する「効果を得られて」いますか？ </p>
    <p> そろそろ、キレイなだけの Web サイトから卒業しませんか？ </p>
    <section>
        <h2> お知らせ </h2>
        <p>4 月 1 日 EVENT <a href="#">7 月に開催される「WebDesign Expo」に出展します。</
a></p>
        <p>3 月 25 日 WORKS <a href="#"> 株式会社翔永社さまのサイトをリニューアルしました。
情報設計、制作ディレクションなど全工程を担当させていただきました。リニューアルの詳細は、「事例
紹介」ページをご覧ください。</a></p>
        <p>3 月 10 日 MEDIA <a href="#">YouTube の公式チャンネルを更新しました！ </a></p>
        <a href="#"> お知らせ一覧を見る </a>
    </section>
    <section>
        <h2> 最新の事例 </h2>
        <p> 株式会社翔永社さま <br>
        <img src="./img/pct_case1.jpg" alt=" 画面：翔永社さまのサイト "><br>
        コーポレートサイトのリニューアルをご依頼いただきました。運用のしやすさなど、さまざま
な面からご提案しました。<br>
```

```
          <a href="#"> 事例詳細を見る </a></p>
          <p> 株式会社 KICKS さま <br>
          <img src="./img/pct_case2.jpg" alt=" 画面：株式会社 KICKS さまのサイト "><br>
          オンラインショップ開設のため、カートシステムの選定からショップ構築までお手伝いさせて
いただきました。<br>
          <a href="#"> 事例詳細を見る </a></p>
     </section>
     <section>
          <h2> お客さまの声 </h2>
          <p>「会社の業務内容をもっと分かりやすく伝えたい」という目的のため、コーポレイトサイト
のリニューアルをお願いしました。何度もヒヤリングしてもらったおかげで、弊社の強みをお客さまにし
っかりお伝えできるサイトができあがったと思います。　デザインなども、こちらが気づかないような細
かいところまで手を抜かずに制作していただいたので、最後まで安心して任せられました。Aspirant さ
んは動画制作にも強いと聞いたので、今度は弊社製品の紹介動画をお願いしようと思っています（笑）
<br>
          nanaroku 株式会社　上野キミーさま <br>
          <img src="./img/pct_voice.jpg" alt=" 写真：上野キミーさま "></p>
          <a href="#"> 詳細を見る </a>
     </section>
     <section>
          <h2>Blog</h2>
          <p>
          <a href="#"> 作り込まれたワイヤーフレームからデザインを起こすときの注意点 </a><br>
          <a href="#"><img src="./img/pct_blog1.jpg" alt=""></a><br>
          <a href="#">202x.04.05</a><br>
          <a href="#"> 富樫けい子 </a><br>
          <a href="#"> デザイン <br>
          UI</a>
          </p>
          <p>
          <a href="#"> 見出しのスタイルに使う CSS、汎用性を上げるための 5 つのポイント </a><br>
          <a href="#"><img src="./img/pct_blog2.jpg" alt=""></a><br>
          <a href="#">202x.03.29</a><br>
          <a href="#"> 赤坂マサミ </a><br>
          <a href="#">HTML/CSS</a>
          </p>
          <p>
          <a href="#"> 意外と深い！？「句読点」の話 </a><br>
          <a href="#"><img src="./img/pct_blog3.jpg" alt=""></a><br>
          <a href="#">202x.03.06</a><br>
          <a href="#"> 小嶋航平 </a><br>
          <a href="#"> ライティング <br>
```

```
                SEO</a>
            </p>
            <section>
                <h3> 人気記事 </h3>
                <p><a href="#"><img src="./img/pct_blogrank1.jpg" alt="">「紙に書く」こ⏎
との意義について </a></p>
                <p><a href="#"><img src="./img/pct_blogrank2.jpg" alt=""> 快適？辛い？リ⏎
モートワークの功罪を考える </a></p>
                <p><a href="#"><img src="./img/pct_blogrank3.jpg" alt=""> 肩書きにこだわ⏎
らず、自分らしい立ち位置を見つけよう </a></p>
                <p><a href="#"><img src="./img/pct_blogrank4.jpg" alt="">UI って難しい！⏎
新人デザイナーが抱える 5 つの悩み </a></p>
                <p><a href="#"><img src="./img/pct_blogrank5.jpg" alt=""> 弊社スタッフの⏎
デスク周り、全部見せます！ </a></p>
            </section>
        </section>
        <section>
            <h2>SNS</h2>
            <p><a href="#"><img src="./img/sns_fb.png" alt="Facebook"></a></p>
            <p><a href="#"><img src="./img/sns_tw.png" alt="Twitter"></a></p>
            <p><a href="#"><img src="./img/sns_instagram.png" alt="Instagram"></a></p>
        </section>
    </main>
```

## テキスト＝p要素？

　ご存じのとおり、pタグで囲まれた部分は、そこが段落であることを表します。では「段落」と聞いて、どんな情報を思い浮かべるでしょうか？　『デジタル大辞泉』には、

> 長い文章を内容などからいくつかに分けた区切り。形式的に、1字下げて書きはじめる一区切りをいうこともある。段。パラグラフ。

と書かれています。

　ところが、「段落」とはほど遠いような「単語1つ」や「リンクのラベル文言」がp要素としてマークアップされているケースは珍しくありません。中には、テキストは絶対pタグで囲まねばならないと思い込んでいるのではないかと勘ぐってしまうくらい、pタグだらけのソースコードもあります。

**「テキスト＝p要素」と安易に考えず、情報をより正しく伝えるためのタグ**が他にないか検討しましょう。

たとえば、いくつかの項目が並列に並んでいるのであれば、pではなくul要素としてマークアップするのが正解です（リスト2-5、リスト2-6）。実は、こうしておくことで、スクリーンリーダーがli要素の数に応じて「リスト　3項目」と補足してから各項目を読み上げてくれるようになります。音で聞いているユーザーにとって、情報を理解する際に大きな助けとなるのです。

たとえ視覚的には同じような表示結果が得られたとしても、不適切なマークアップのせいで知らないうちにユーザーの利便性を損なってしまう可能性があることを忘れないようにしましょう。

---

**リスト2-5　　HTML　　間違ったHTMLコード例**

```
<p>
・項目 A<br>
・項目 B<br>
・項目 C
</p>
```

**リスト2-6　　HTML　　正しいHTMLコード例**

```
<ul>
    <li> 項目 A<li>
    <li> 項目 B<li>
    <li> 項目 C<li>
</ul>
```

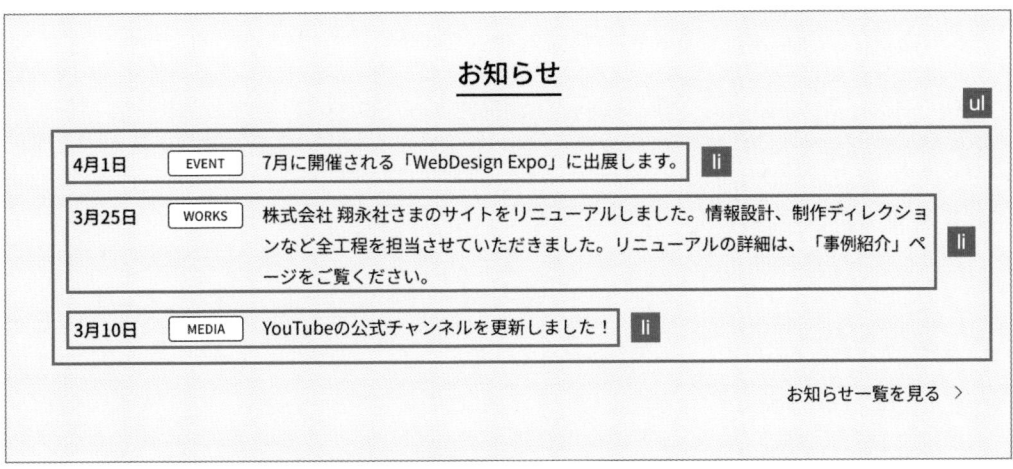

図2-10　p要素以外のマークアップ例。3項目の箇条書き（ul要素）と見なした

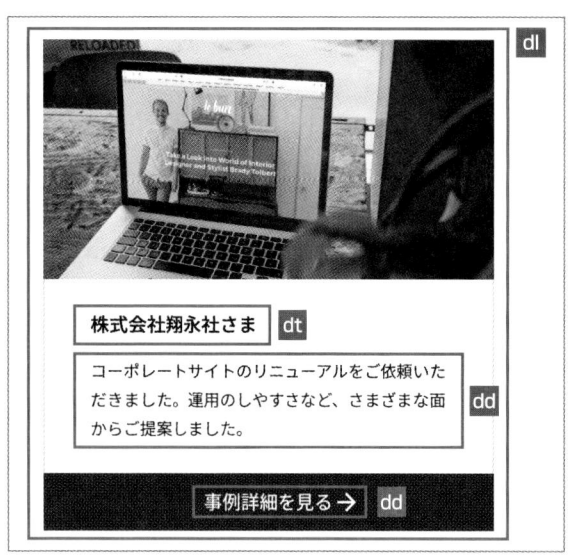

図2-11 p要素以外のマークアップ例。dl要素としてマークアップすれば、3種類の異なる情報の関係性を伝えることができる

## aタグで囲む範囲

W3C[1]によってHTML5が勧告されたのは2014年。ずいぶん前の出来事のような気がしますが、その後も制作の現場ではHTML4やXHTMLが使われ続けてきました。やがて2021年にWHATWGが策定する「HTML Living Standard」が標準仕様となったものの、HTML Living Standardどころか HTML4やXHTML時点の知識のままアップデートできていない人も少なからずいるようです。もし学校の先生や職場の先輩から「aタグで囲めるのはテキストと画像だけ」と教えられたとしたら、それは現在の標準仕様とは異なるルールなので気をつけてください。

※1　「World Wide Web Consortium」の略称で、Web技術の標準化を行う非営利団体の名称のことです。

HTML Living Standardでは、a要素に許可されていない内容として「インタラクティブなコンテンツ」を挙げています。「インタラクティブなコンテンツ」とは、ユーザーが操作することのできるWebページ上のパーツを指します。a、button、select、textareaなどが該当しますが、よくよく考えるとa要素をさらにaタグで囲んだり、テキストエリアをaタグで囲んだりするのはいかにも不自然ですよね。

つまり、**一般的なWebページで見かける要素のほとんどはaタグで囲める**といえます。

#### ▶ リンクの範囲を考える

多くの要素をaタグで囲めるからこそ、リンクエリアの範囲には細かく気を配りたいものです。リスト2-7では、「事例詳細を見る」というテキストのみリンクエリアとして定義しています。そのため、他のエリアをタップ（クリック）してもリンク先に遷移することはできません（図2-12）。

リスト2-7　　HTML　　一部分だけリンクエリアにする

```html
<dl>
    <dt> 株式会社翔永社さま </dt>
    <dd> コーポレートサイトのリニューアルをご依頼いただきました。運用のしやすさなど、さまざま
な面からご提案しました。</dd>
    <dd><a href="#"> 事例詳細を見る </a></dd>
</dl>
```

**株式会社翔永社さま**

コーポレートサイトのリニューアルをご依頼い
ただきました。運用のしやすさなど、さまざま
な面からご提案しました。

事例詳細を見る →

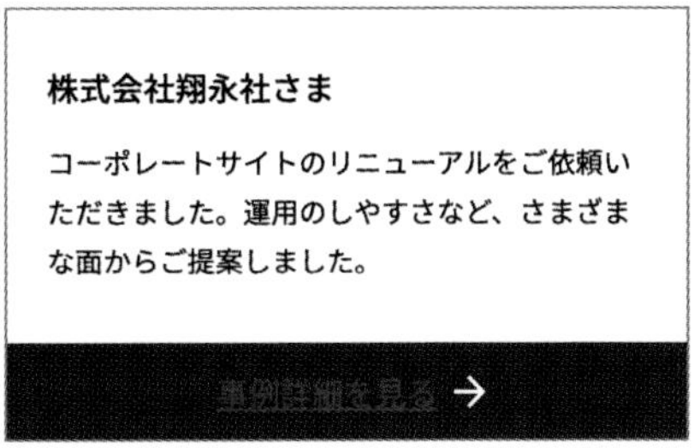

図2-12 「事例詳細を見る」だけがリンクエリアになっている状態

一方、リスト2-8のようにdl要素全体をaタグで囲んでおけば、リンクエリアをぐっと広げることができます。「事例詳細を見る」のテキストだけでなく、「株式会社翔永社さま」や概要文もタップ（クリック）可能なエリアになります（図2-13）。

どちらが良い、悪いという話ではありませんが、「ユーザーにとって使いやすいほうはどちらだろう」と常に意識しながらマークアップを進めましょう。

```
<a href="#">
    <dl>
        <dt> 株式会社翔永社さま </dt>
        <dd> コーポレートサイトのリニューアルをご依頼いただきました。運用のしやすさなど、さま▉
ざまな面からご提案しました。</dd>
        <dd> 事例詳細を見る </dd>
    </dl>
</a>
```

---

**株式会社翔永社さま**

コーポレートサイトのリニューアルをご依頼い
ただきました。運用のしやすさなど、さまざま
な面からご提案しました。

---

事例詳細を見る →

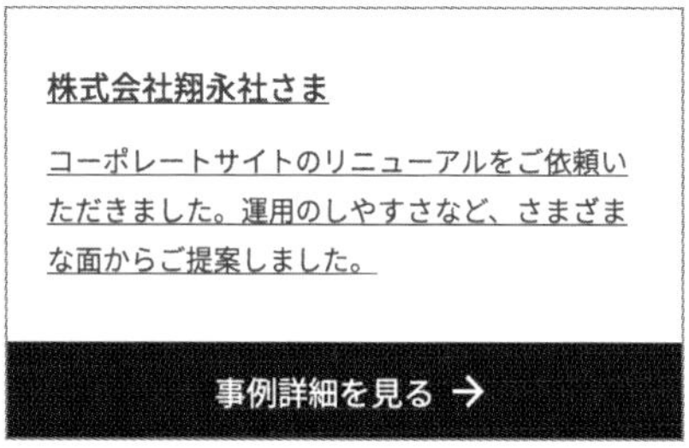

図2-13　dl要素全体がリンクエリアになっている状態

# 2 6 定番パーツをマークアップする

続いてヘッダー部分のマークアップに取りかかろうっと

ヘッダーって、マークアップの考え方がいろいろあって悩むのよね

えっ、そうなんですか!?

定番パーツのマークアップについて自分なりの答えを見つけておくと、他のサイトでも使い回せるから便利だよ。いい機会だからじっくり考えてみようか

## ロゴのマークアップ

　サイトのトップページにおいて、**ロゴ＝社名・サービス名・ブランド名＝もっとも大きな見出し**と考えるのは自然なことです。しかし、トップページ以外ではどうでしょうか。それぞれのページに固有の大見出しが存在するのに、ロゴ画像をh1要素と見なすことに抵抗を感じる人もいるのではないでしょうか。

　一般的には、ロゴはトップページではh1、それ以外のページではh1以外の要素としてマークアップします（リスト2-9、リスト2-10）。これといった意味づけはしないものの、CSSで配置するためにロゴのimg要素をdivタグで囲む場合が多いようです。

リスト2-9　　　HTML　　　トップページのHTML

```
<body>
    <header>
        <h1><img src="./img/logo.svg" alt="Aspirant Inc."></h1>
```

```
        ...
    </header>
    ...
</body>
```

```
<body>
    <header>
        <div class="logo"><img src="./img/logo.svg" alt="Aspirant Inc."></div>
        ...
    </header>
    ...
</body>
```

　すべてのページで常にh1要素としてマークアップし、各ページ固有の見出しはh1またはh2としてマークアップするのも文法違反ではないのですが、どのページでもh1がロゴになっているのはやはり不自然かもしれませんね。

　本書執筆時点（2022年12月）では「見出しレベルによってGoogleの検索結果に差が出ることはない」とされているので、全ページのh1がロゴであってもSEO的に大きな問題はないのかもしれませんが、私たちは検索エンジンのためにコーディングしているのではありません。ターゲットはあくまで「人」です。ユーザーがよりよい形で情報を受け取り、利用できるよう工夫をこらしましょう。

## ナビゲーションのマークアップ

　ナビゲーションはul (li) 要素としてマークアップし、さらに全体をnavタグで囲むのが一般的です。では、図2-14のようにナビゲーション項目が2箇所に分かれて配置されていたらどうでしょうか？

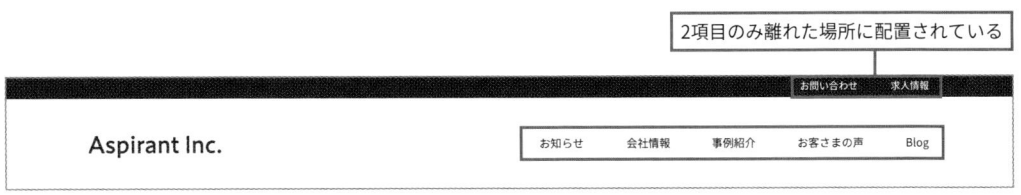

図2-14　「お問い合わせ」と「求人情報」の2項目が、他の項目と離れた場所に配置されている

カンプでこうしたレイアウトを見かけると、ついul要素を2つに分けてマークアップしたくなります。でも、果たしてそれでよいのでしょうか？　種類がまったく異なるナビゲーションを設けるなら、もちろんulを分割すべきです。しかし、デザインを実装する目的でulを分割するのは最終手段に取っておいてください。デザインに追従しないHTMLを作成しておくと、のちのちデザインが変更された際に柔軟に対応できる可能性が高まります。

　たとえば、リスト2-11、リスト2-12のようなコードを記述すればulを2つに分けることなくカンプのレイアウトを再現できます（図2-15）。

**リスト2-11　HTML　すべての項目を1つのul要素にまとめている**

```html
<ul class="gnav">
    <li class="gnav__item"><a href="#"> お知らせ </a></li>
    <li class="gnav__item"><a href="#"> 会社情報 </a></li>
    <li class="gnav__item"><a href="#"> 事例紹介 </a></li>
    <li class="gnav__item"><a href="#"> お客さまの声 </a></li>
    <li class="gnav__item"><a href="#">Blog</a></li>
    <li class="gnav__item gnav__item-inquiry"><a href="#"> お問い合わせ </a></li>
    <li class="gnav__item gnav__item-recruit"><a href="#"> 求人情報 </a></li>
</ul>
```

**リスト2-12　CSS　CSS Gridでレイアウトする**

```css
.gnav {
    display: grid;
    grid-template-columns: repeat(5, auto);
    grid-template-rows: 30px 120px;
}
.gnav__item-inquiry,
.gnav__item-recruit {
    grid-column: 1 / -1;
    grid-row: 1;
    justify-self: end;
}
.gnav__item-inquiry {
    margin-right: calc(4em + 44px);
}
```

2

プレーンなHTMLを作成する

- お知らせ
- 会社情報
- 事例紹介
- お客さまの声
- お問い合わせ
- 求人情報
- Blog

**図2-15** リスト2-11、リスト2-12のコードを表示したところ

　ul要素（.gnav）を5列2行のGridコンテナーにして、li要素（.gnav__item）を配置します。「お問い合わせ」（.gnav__item-inquiry）と「求人情報」（.gnav__item-recruit）は1行目、それ以外のGridアイテムは2行目に配置することで、li要素の記述順にとらわれることなくレイアウトできているのがおわかりいただけるでしょう。

　詳しくはLesson6「レスポンシブ対応する」（173ページ）で解説しますが、ここでは「正しい知識と工夫する姿勢さえあれば、HTMLを変更することなくデザイン実装できる」ということだけ覚えておいてください。

**Column　HTMLにこだわる意味はあるの？**

　「デザインがキレイに再現できていれば、HTMLのクオリティはそれほど重要ではないのでは？」という質問を受けることがあります。「HTMLよりCSSのスキルを身につけたほうが仕事に役立つ」という考えもわからなくはないのですが、多くのクリエイターにとって、伸びしろがより多く残されているのはHTMLのほうではないでしょうか。

- 情報を正しく分類・整理してマークアップすることで論理的な考え方が身につく
- アウトラインを意識することで「Webに向いた文章の書き方」を体感し、ライティング技術が磨かれる
- DOMツリーへの理解を深めることでプログラミングをスムーズに習得できる
- アクセシビリティへの配慮を究めることで、新しい仕事領域を開拓できる

　真面目にHTMLに向き合えば、上記のような「オマケ」がついてくる可能性があります。単にタグを覚えたり書き方の作法を知るだけでなく、もう一歩踏みこんでHTMLを学ぶことで、自分の可能性を広げることにつながるかもしれませんよ。

# 2 | 7　文法チェックする

HTML がだいぶ仕上がってきたから、文法チェックしよう！

文法チェック？　そんなのやったことないです

表示結果に問題がなくても、必ずやっておくべき！　万が一クライアントに文法エラーを指摘されたら大恥だよ〜

## Nu Html Checker でチェックしてみよう

　HTMLやCSSが仕様に沿ってミスなく書けているか検証するには、「バリデーションサービス」を利用すると便利です。W3Cが提供している「Markup Validation Service」を使ってみましょう。

### ▶ ①入力画面を開く

　まず、https://validator.w3.org/ にアクセスします。すると、URI（ここではURLと同義）の入力欄が表示されます。すでに公開されているWebページを検証する際には、任意のアドレスを入力してください。作成中のHTMLを検証するのなら、「Validate by Direct Input」タブに切り替えましょう。テキストエリアにコードを貼りつけて「Check」ボタンを押すと、検証がはじまります（図2-16）。

プレーンなHTMLを作成する

2

作成中のコードを検証する場合は
このタブを選択する

図2-16 「Validate by Direct Input」タブを選ぶと、コードを直接貼りつけてチェックできる

## ②検証結果を確認する

　何も問題がなければ「Document checking completed. No errors or warnings to show.」という メッセージが表示されます（図2-17）。エラーや警告があればすべてリスト表示されるので、1つずつ直していきましょう。英文で説明されるので最初は戸惑うかもしれませんが、翻訳サービスなどを使えばだいたいの意味はつかめるはずです。また説明文のパターンはそんなに多くないので、慣れてくればわざわざ翻訳しなくても理解できるようになります（表2-1）。

**図2-17** エラーも警告もなければ、その旨が表示される

表2-1 代表的なエラーの種類

| よくあるエラー・警告 | 意味 |
|---|---|
| Stray end tag［要素名］ | 開始タグが見当たらない[※2] |
| Unclosed element［要素名］ | 終了タグが見当たらない[※2] |
| An img element must have an alt attribute | 画像のalt属性忘れ |
| Warning: Section lacks heading | sectionの中に見出し（hn要素）がない |

※2 <div><p>...</div></p>のように、要素の親子関係が崩れている場合にもこのエラーが表示されます。

このサービスを利用するにあたり、1つ注意しておきたいことがあります。それは「**HTML Living Standardの最新の仕様が反映されているとは限らない**」という点です。GitHubで公開されている開発状況（https://github.com/validator/validator）を確認すると、ローカルで動作する「The Nu Html Checker」はこまめにアップデートされているようなのですが、オンライン版には反映されていない可能性があります。もし表示されたエラー内容が疑わしいようなら、最新の仕様書をあたって自分で真偽を確認するようにしましょう。

LET'S TRY!!! 2-1 マークアップしてみよう

try/lesson2/2-1/index.html を開いて、自分なりの考えでマークアップを完成させましょう。完成したら、文法チェックも忘れずに行ってください。

※デザインを再現するための属性や、div/spanタグの記述は不要です。

解答例は234ページへ

# Lesson 3

## デザイン実装のための情報を追加する

　意味づけのためのタグを記述し終わったら、次はデザイン再現のための情報を追加していきましょう。具体的には、div/spanタグで囲んだりclass名やid名を付加していきます。こうした情報は場当たり的に記述するのではなく、どこにタグを追加するのか、どんな名前をつけるのか可能な限り運用を見すえて検討することが大切です。

# 3 1 divタグでグループ化する

情報を正しく伝えるための HTML は完成だね。次はカンプの
デザインを実装するためのマークアップに移ろう

具体的には何をすればいいんでしょう？

カンプをよく見て、まずは「ひとかたまりのデザイン」になって
いる箇所を探してみて！

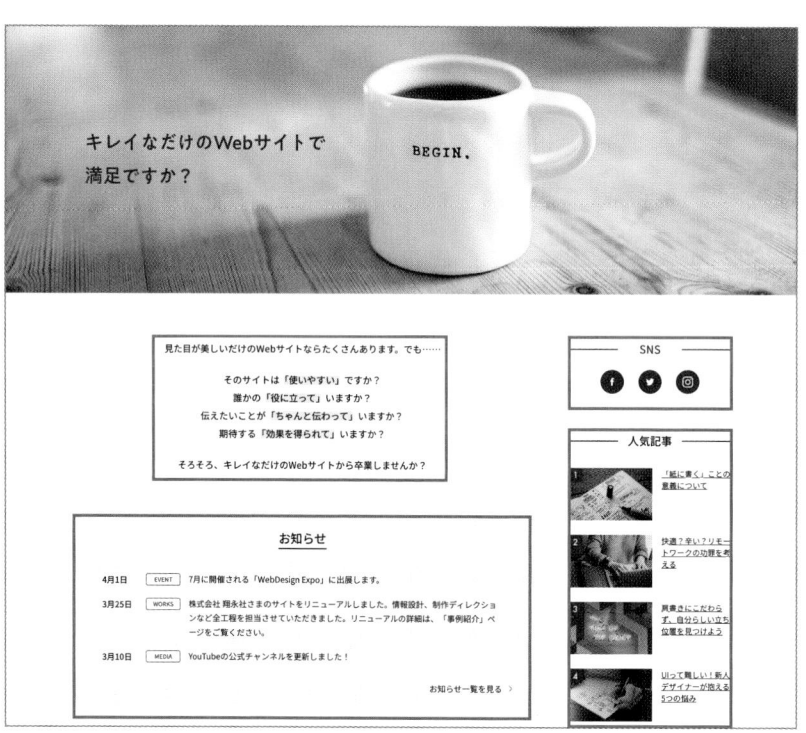

図3-1 デザイン上の「ひとかたまり」を探す

## section と div の使い分け

マークアップは、「情報の意味づけ・構造化と、デザインの実装は切り離して考える」というのが大前提です。しかし、意味づけのためのタグでマークアップしただけではデザインを再現できない場合があります。

たとえば、図3-2を見ると、メインビジュアル下の文言の周囲には余白をつけたり、文字をセンタリングしたりと、さまざまなスタイルをCSSで指定する必要がありそうです。そのため、複数のp要素を前もって「ひとかたまり」としてまとめておきたいのですが、問題はどんなタグで囲むか、です。たとえばsectionタグで囲むと「section要素としての意味づけ」が発生します。ではdivタグで囲むと何が変わるのでしょうか？

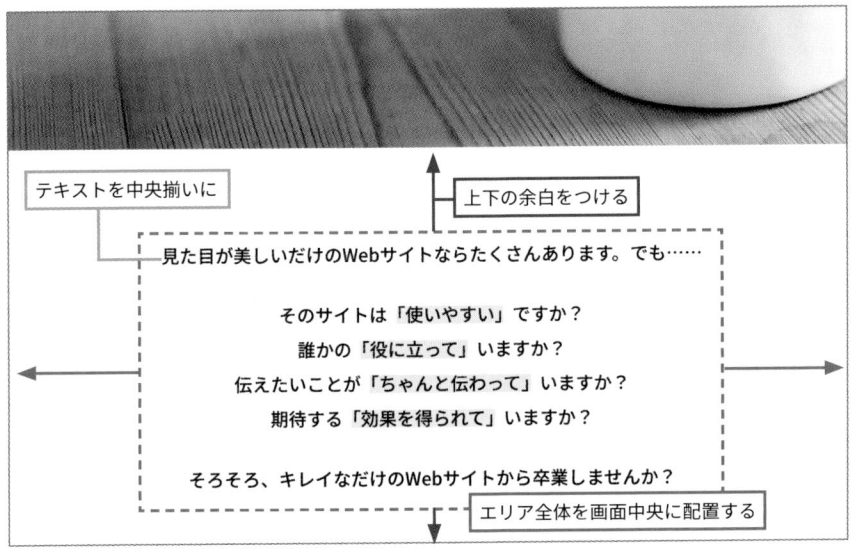

**図3-2** スタイルの適用先としてふさわしい要素は？

「MDN Web Docs」によると、div要素は、

> フローコンテンツの汎用コンテナーです。CSSを用いて何らかのスタイル付けがされる（例えば、スタイルが直接適用されたり、親要素にフレックスボックスなどの何らかのレイアウトモデルが適用されるなど）までは、コンテンツやレイアウトには影響を与えません。<div>要素は「純粋」なコンテナーとして、本質的には何も表しません。その代わり、classやidを使用してスタイル付けしやすくしたり、文書内で異なる言語で書かれた部分を（lang属性を使用して）示したりするために使用します。
>
> 出典：https://developer.mozilla.org/ja/docs/Web/HTML/Element/div

と説明されています。

　つまり、デザイン実装の目的で複数の要素をグループ化したいときにうってつけなのです。**文脈的にグループ化したい要素はsection、デザイン的にグループ化したい要素はdivでひとまとめにする**ものと覚えておけば間違いなさそうですね。

　sectionとdivの使い分けが正しく実践できているか確認するには、Lesson2の「文法チェックする」（57ページ）で紹介した「Nu Html Checker」が便利です。

### ▶ アウトラインを検証する

　「Nu Html Checker」を使うと、Webブラウザをはじめとする機械がどのようにページの概要（アウトライン）を導き出しているのか確認できます。やり方は簡単。「Validate by Direct Input」タブに切り替えてテキストエリアにコードを貼りつけ、画面上部の「outline」にチェックを入れます。「Check」ボタンを押すと、画面の下部にアウトラインが表示されます（図3-3）。

**図3-3**　「outline」をチェックしておくとアウトラインが表示される

　「Heading-level outline」は見出しの要素（見出しレベル）から導き出されたアウトライン、「Structural outline」は区分コンテンツの要素（aside、nav、article、section）から導き出されたアウトラインです。

　まずは「Heading-level outline」を見て、ページの内容を伝えるのに十分な見出しを抽出できているかどうか、また、見出しレベルによって話の構造を正しく表せているかどうか確認しましょう。

　次に「Heading-level outline」と「Structural outline」とを見くらべて、両者で**階層構造が食い違っていないか確認します**。図3-4は実際に表示されたアウトラインです。「人気記事」の階層が食い違っているのがわかるでしょうか？

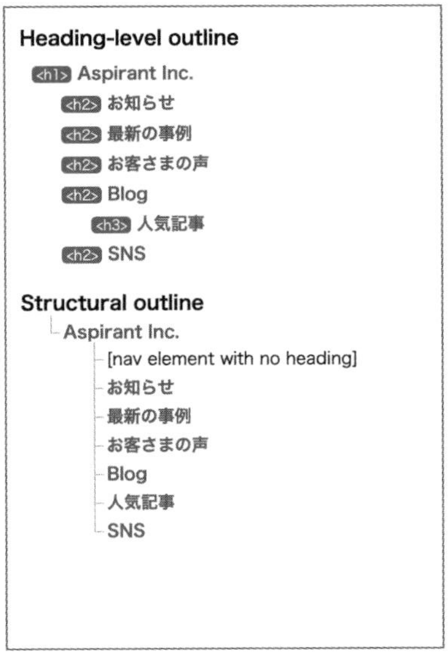

```
Heading-level outline
 h1  Aspirant Inc.
   h2  お知らせ
   h2  最新の事例
   h2  お客さまの声
   h2  Blog
     h3  人気記事
   h2  SNS

Structural outline
  Aspirant Inc.
    [nav element with no heading]
    お知らせ
    最新の事例
    お客さまの声
    Blog
    人気記事
    SNS
```

**図3-4** 2つのアウトラインにずれが生じている場合はコードを見直そう

「Heading-level outline」では「人気記事」が「Blog」の下階層の見出しとして認識されているのに、「Structural outline」では「Blog」と同じ階層の見出しとして認識されていますよね。**こういう場合は大抵、sectionのマークアップが間違っています**（リスト3-1、リスト3-2）。

**リスト3-1**　　　HTML　　　間違い例：見出しレベルとsection要素の構造が一致していない

```html
<section>
    <h2>Blog</h2>
    ...
</section>
<section>
    <h3> 人気記事 </h3>
    ...
</section>
```

**リスト3-2**　　　HTML　　　正解例：見出しレベルとsection要素の構造が一致している

```html
<section>
    <h2>Blog</h2>
    ...
    <section>
        <h3> 人気記事 </h3>
```

デザイン実装のための情報を追加する

```
                 ...
         </section>
     </section>
```

文法チェックと異なり、アウトラインには「エラー」や「警告」はありません。しかしアウトラインをわかりやすく視覚化することで、自分が設定した見出しレベルが正しいかどうか、見出しを持たないsection要素が存在していないかどうか、手軽に確認できます。**文法チェックと同時にアウトラインを確認する習慣をつけましょう**。

**LET'S TRY!!!**  **3-1** アウトラインを確認してみよう

Lesson2でマークアップした try/lesson2/2-1.html のアウトラインが、自分の意図どおりに表現できているか確認しましょう。

## div要素を追加するタイミング

div要素は、デザインを適用するための「箱」です。複雑なデザインを再現するには箱をたくさん用意して入れ子構造にする必要があります。逆にいえば、シンプルなデザインなら箱の数は少なくて済みます。ではここで、「お客さまの声」の周囲についた2つの枠を再現するための箱を例にとって考えてみましょう（図3-5）。リスト3-3のHTMLをもとにカンプの再現をするとします。

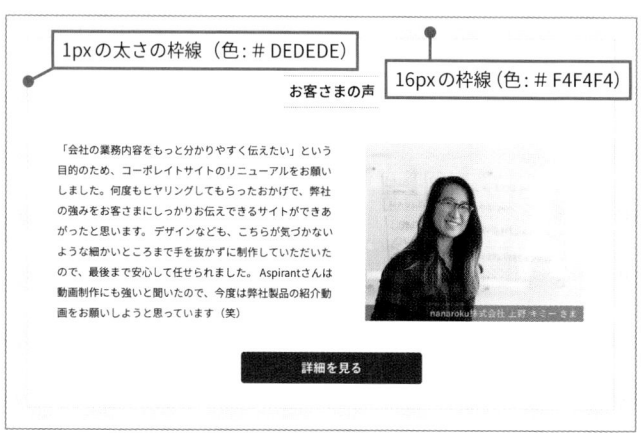

図3-5 1pxの太さの枠線（色：#DEDEDE）の周囲に16pxの枠線（色：#F4F4F4）がついている

```
<section>
    <h2> お客さまの声 </h2>
    <p>「会社の業務内容をもっと分かりやすく伝えたい」という目的のため ...</p>
    <dl>
        <dt>nanaroku 株式会社　上野キミーさま </dt>
        <dd><img src="./img/pct_voice.jpg" alt=" 写真：上野キミーさま "></dd>
    </dl>
    <a href="#"> 詳細を見る </a>
</section>
```

　デザインカンプにしたがって二重の枠線をつけるには、上記のHTMLに最低いくつのdiv要素を追加すればよいでしょうか？　答えは「0」です。いじわるな質問でごめんなさい。でも、（やや裏技的ではありますが）borderとbox-shadowプロパティを組み合わせれば箱は1つあれば十分なのです。アウトラインを示すために記述されているsection要素を箱と見なしてスタイルを適用できるので、新たなdiv要素を追加する必要はありません。

▶ **実装例①section 要素にすべてのスタイルを適用する**

　section要素にすべてのスタイルを適用するには、リスト3-4のようなコードを記述します。図3-6のようなイメージになります。

リスト3-4　　CSS　borderとbox-shadowを適用すれば、新規の要素は不要

```
section {
    border: 1px solid #DEDEDE;
    box-shadow: 0 0 0 16px #F4F4F4;
}
```

3

デザイン実装のための情報を追加する

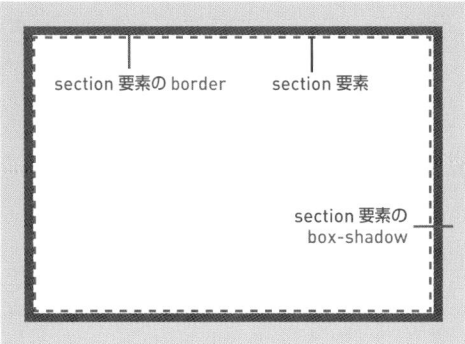

図3-6　section要素の周囲に2つの枠がついているイメージ

3-2　実際に試してみよう

try/lesson3/3-2.htmlに実装例①のコードを反映して、表示結果を確認してみましょう。

### ▶ 実装例②スタイルの適用先を分散する

　実装例①はHTMLがシンプルでよいのですが、「あえて箱を2つ用意する」という考え方もあります。HTMLは少し複雑になりますが、sectionとdivにスタイルを分散して適用しておくことで、のちのちのデザイン変更（薄いグレーの枠線の幅を変更したくなった、濃いグレーの枠線の色を変更したくなった……など）を直感的に行うことができそうです（リスト3-5）。図3-7のようなイメージになります。

リスト3-5　　CSS　　sectionとdivにスタイルを分散して適用する

```
section {
    border: 16px solid #F4F4F4;
}
section div {
    border: 1px solid #DEDEDE;
}
```

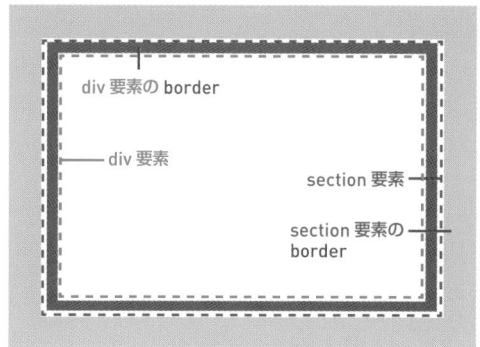

図3-7 section、div要素それぞれの周囲に枠がついているイメージ

**3-3  実際に試してみよう**

try/lesson3/3-2.html に実装例②のコードを反映して、表示結果を確認してみましょう。

### ▶ 実装例③デザイナーの意図を汲んだCSSを考える

ここまでは「枠線を2つ重ねる」という考え方にもとづいた実装方法を紹介してきましたが、あらためてカンプを見てみると「枠線2つ」よりも「薄いグレーのレイヤーの上に、ひとまわり小さなサイズの白いレイヤーが重なっていて、その周囲に細い枠線がついている」と捉えたほうがデザイナーの意図に近そうです（図3-8）。

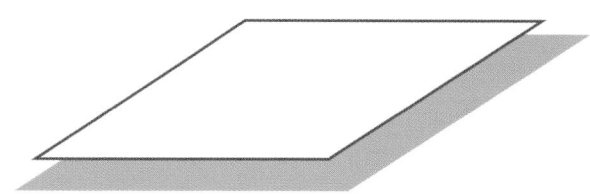

図3-8 レイヤーの重なりと捉えた場合

そこで、薄いグレーの枠線をborderではなくbackground-colorとして実装する方法を考えてみます（リスト3-6、図3-9）。図3-9のようなイメージになります。

```css
section {
    background-color: #F4F4F4;
    padding: 16px;
}
section div {
    background-color: #fff;
    border: 1px solid #DEDEDE;
}
```

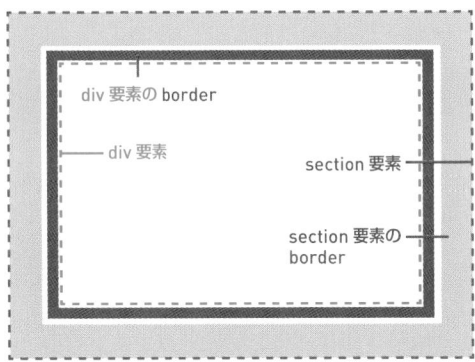

div要素のborder

div要素

section要素

section要素の
border

図3-9　sectionの上にdiv要素が重なっているイメージ

**3-4　実際に試してみよう**

try/lesson3/3-2.htmlに実装例③のコードを反映して、表示結果を確認してみましょう。

　要素の入れ子構造を浅くするにせよ深くするにせよ、それぞれに一長一短があります。情報の更新頻度や、運用にかかわるメンバーのコーディングスキルなどを考慮して、ベストと思われる実装方法を検討してください。また、デザイナーに「枠線と背景色のどちらがふさわしいですか？」のように質問して、できるだけデザイナーの意図に合わせたCSSを心がけましょう。**デザイナーの意図を汲んだコードを記述しておくと、その後のデザインの調整作業をスムーズに進めやすくなります。**

# 3 2 class/id名をつける

おおまかなグループ化が終わりました！

後から必要に応じて div タグを追加することになると思うけど、最初に大きなグループ化を済ませておくと全体像が見えるので作業しやすくなると思うよ

div タグを追加しただけだと何となく落ち着かないです……
早く class 名をつけたいなあ

あはは、じゃあ名前をつけていこう

　たまに「div要素には必ずclass/id名をつけなくてはいけない」と思い込んでいる人がいますが、そんなことはありません。名なしのdivやspan要素も「アリ」です。そして当然のことながら、divやspan以外の要素に名前をつけなくてはいけない場面もあります。

　HTMLとCSSを連携するにあたって、class/id名をつけなくてはいけないのは、**要素の「種類」以外の条件で区別する必要があるとき**です。たとえば「たくさんあるp要素のうち、特定のp要素のみスタイルを変更したい」といった場合に名前が必要になります。

　逆にいうと、もしページの中にdiv要素がたった1つしか存在しないのなら、そのdiv要素には名前をつけなくてもかまいません。CSSのセレクタをdiv {...} と書けば、そのスタイルは間違いなく1箇所のdiv要素に適用されるからです。

　とはいえ、実際には名前で区別せざるを得ないケースのほうが圧倒的に多いので、クリエイターは「どの要素にどんな名前をつけるか」でたびたび頭を悩まされることになります。

## 名前をつける要素を選ぶ

box1、box2、box3やcontent-A、content-B、content-Cといったclass/id名を見かけることがありますが、このように連番を使った命名はできれば避けましょう。なぜなら、box1という名前の要素とbox2という名前の要素の記述順が入れ替わるような事態が起こったら、途端につじつまが合わなくなってしまうからです。

「そういわれても、いちいち名前を考えるのは面倒」という声もあるでしょう。たしかに、ページの中にあるすべての要素に名前をつけようとしたら膨大な手間がかかります。でしたら、何でもかんでも命名しようとするのではなく、あらかじめ**名前をつけるべき要素**を絞ってはいかがでしょうか？ 数を減らせば、1つずつの命名にじっくり時間をかけることができます。

では名前をつけておいたほうがよい要素はどれかというと、ズバリ、**大きな要素**です。要素が入れ子構造になっているのなら、できるだけ外側の要素に名前をつけましょう。CSSセレクタは親子関係を利用して記述することができるので、外側の要素につけた名前を手がかりにかなり細かいところまで絞り込めます。おなじみの子孫セレクタ（半角スペース）だけでなく、子供セレクタ（>）、隣接兄弟セレクタ（+）などを活用すれば命名にかかる時間をますます短縮できます。

> 「いつも必ず大きな要素に名前をつけなくてはいけない」ということではありません。制作するサイトの規模や運用体制、クライアントの要望などに合わせて柔軟に対応してくださいね！

class/id名をつける

3
2

以下のAパターンとBパターンを実装するためのコードを例にとって考えてみましょう（図3-10）。

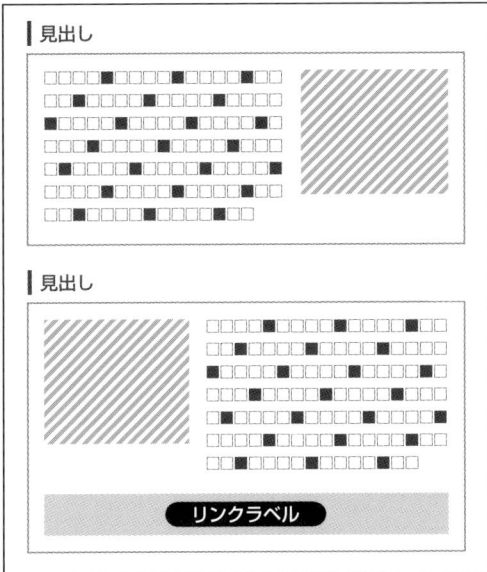
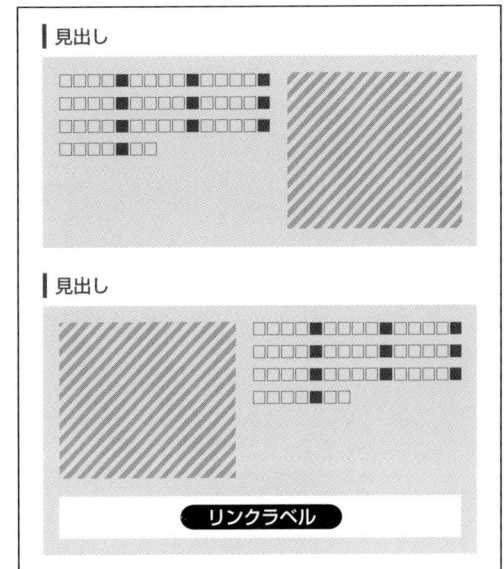

**図3-10** 微妙に異なるデザインのAパターンとBパターン

AパターンとBパターンはよく似ていますが、枠線や背景色の有無、画像の大きさなど相違点がいくつもあります。また同一パターンの中でも上下のブロックで画像の左右位置やボタンの有無が異なっていますね。

この程度の違いなら、一番外側のdiv要素に名前をつけておけば、内側の要素にはいっさい名前をつけずにデザインを実装できます（リスト3-7、リスト3-8）。HTMLがスッキリしているぶん、CSSのセレクタ内に結合子（>や+）が目立ちますが、不可能でないことはわかるはずです。

**リスト3-7　　HTML　　まったく同じ構造のHTMLを含む.pattern-Aと.pattern-B**

```
<div class="pattern-A">
    <section>
        <h1> 見出し </h1>
        <div>
            <div>
                <p> テキストテキストテキストテキストテキストテキスト ...</p>
                <img src="image.png" alt="">
            </div>
        </div>
    </section>
```

```
        </section>
        <section>
            <h1> 見出し </h1>
            <div>
                <div>
                    <p> テキストテキストテキストテキストテキストテキスト ...</p>
                    <img src="image.png" alt="">
                </div>
                <div><a href="#"> リンクラベル </a></div>
            </div>
        </section>
    </div>
<div class="pattern-B">
...  ─────────────── pattern-Aの内容と同じ
</div>
```

リスト3-8 　CSS 　共通のスタイルと個別のスタイルを組み合わせる

```css
h1 {
    border-left: 4px solid #333;
    margin-bottom: 10px;
    padding-left: 8px;
}
p {
    margin-top: 0;
}
a {
    background-color: #333;
    border-radius: 4px;
    color: #fff;
    display: inline-block;
    font-weight: bold;
    padding: 10px 15px;
    text-align: center;
    text-decoration: none;
}
section > div {
    padding: 20px;
}
section > div > div {
    display: flex;
```

pattern-A、pattern-Bに共通のスタイル

```
}
section > div > div + div {
    display: block;
    margin-top: 10px;
    padding: 10px;
    text-align: center;
}
section:nth-child(2n) > div > div {
    flex-direction: row-reverse;
}
img {
    margin-left: 10px;
}
section:nth-child(2n) img {
    margin-left: 0;
    margin-right: 10px;
}


.pattern-A section > div {
    border: 1px solid #999;
}
.pattern-A section > div > div + div {
    background-color: #ccc;
    border: none;
}
.pattern-A img {
    height: 150px;
    width: 200px;
}


.pattern-B section > div {
    background-color: #ccc;
}
.pattern-B section > div > div + div {
    background-color: #fff;
}
.pattern-B img {
    height: 300px;
    width: 400px;
}
```

pattern-A 固有のスタイル

pattern-B 固有のスタイル

サイト公開時はこれでよかったのですが、運用フェーズに入った後で新たにCパターンを取り入れることになったとしましょう。Cパターンには、AパターンとBパターンが混在しつつ、さらにリンクボタン周りのデザインが新規に追加されています（図3-11）。

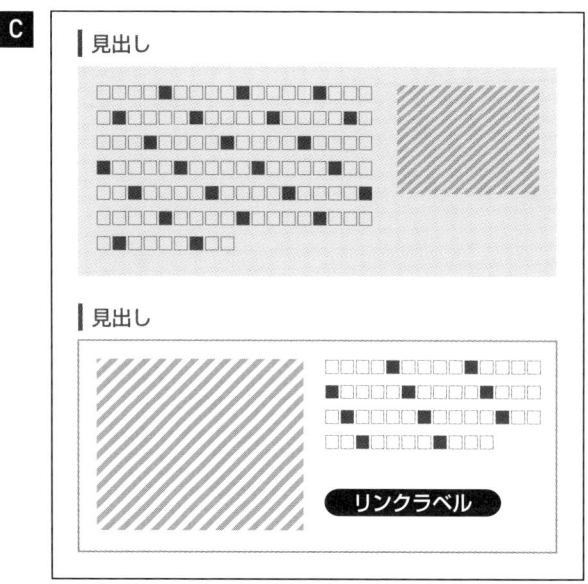

図3-11 AパターンとBパターンをミックスしたようなCパターン

　実際にCパターンを実装しようとすると、これまで「AとBに共通のスタイル」として使い回していたスタイルをCパターンには適用できないなど、さまざまな問題が発生します。さらに今後Dパターン、Eパターンと新たなデザインパターンが追加されたとしたら、いずれは既存のHTML/CSSまで含めて全面的に見直さなくてはいけない可能性も出てきます。

　「運用フェーズに入った後で、似て非なるデザインパターンを次々と追加しなくてはいけなくなった！」という地獄のような状態に陥るのは、そう珍しいことではありません。もし、新たなデザインパターンを追加する可能性が限りなく低いことがわかっているのであれば、基本ルールどおり「大きな要素にだけ名前をつける」でもOKなのですが、そうでないのなら**「拡張性に配慮したclass/id名をつける」「使い回せそうなスタイルを1つのセレクタにまとめない」といった工夫は、まさにプロに求められるスキルの1つ**といえます。

## CSS 設計手法を学ぶ

目の前のカンプを再現できたらゴール達成と思いきや、それで終わりじゃないんですね

運用していくうちに、どんどんデザインパターンが増えていく可能性は十分考えられるもんね

追加とか変更に強いコードって、どうやって書けばいいんでしょうか

ズバリの答えはないけど、CSS 設計手法がヒントになると思うよ！

CSS設計とは、コーディング作業の効率化やメンテナンス性の向上などを目的として、class/id名のつけ方やHTMLの構造を考える際の指針となる考え方です。

書籍のサンプルコードや、自分以外のクリエイターが書いたコードを編集する際に、block__elementやblock__element--modifierのようにアンダースコアやハイフンで区切られた（一見冗長に見える）class名や、l-header、l-mainのようにプリフィックス（「l-」の部分）つきのclass名を目にしたことはありませんか？　こうした命名が行われているサイトでは、何らかのCSS設計手法が取り入れられている可能性が高いといえます。

ここで気をつけたいのは、CSS設計手法＝class/idの命名ルールではない、という点です。CSS設計手法を正しく理解しないまま実践してしまうと、本来の意図や目的が反映されないため、むしろデメリットが目立ったコードができあがってしまいます。実際のところ、やたらと冗長なclass名が無意味につけられていたり、命名ルールを優先しすぎるあまりHTMLのアウトラインが破綻していたりといった本末転倒なケースを見かけることも珍しくありません。

CSS設計手法を身につけるのは簡単ではありません。それなりにコーディング経験を積んだ上で、CSS設計の解説書を1冊じっくり読み込んでようやく理解できるレベルです。ですから、ここから先はあくまで概要に留まってしまうのですが、CSS設計手法がどんなものなのか知るために「BEM」という手法を例にとって簡単に説明します。

## ▶ BEM

BEMという名前は、Block Element Modifierの頭文字を組み合わせたものです。ページ全体を構成するパーツ（ヘッダーやナビゲーション、フッターなど）を「Block」、Blockを構成する部品（ボタンや画像など）を「Element」と見なし、ElementとBlockを組み合わせてWebページを作りあげるイメージを思い描いてください。もしバリエーション違いのBlockやElementを作りたかったり、「現在地」や「選択されている」といった「状態」によってBlockやElementの見た目を変える必要があったら、「Modifier」で区別します。

**BEMは、カンプ全体を「1つのかたまり」ではなく「さまざまな部品の集合体」と捉える**（コンポーネント化する）ことで、運用に強いページを作ることを目的としています。

では先ほどのデザインサンプル「Aパターン」を、BEMの考え方にもとづいてもう一度見ていきましょう（図3-12）。まずはBlockとElementの分類から。見出しと、その下のテキストや画像やボタンはまとめて1つのBlockと見なしてみます。2つのBlockはそれぞれいくつかのElementで構成されています。

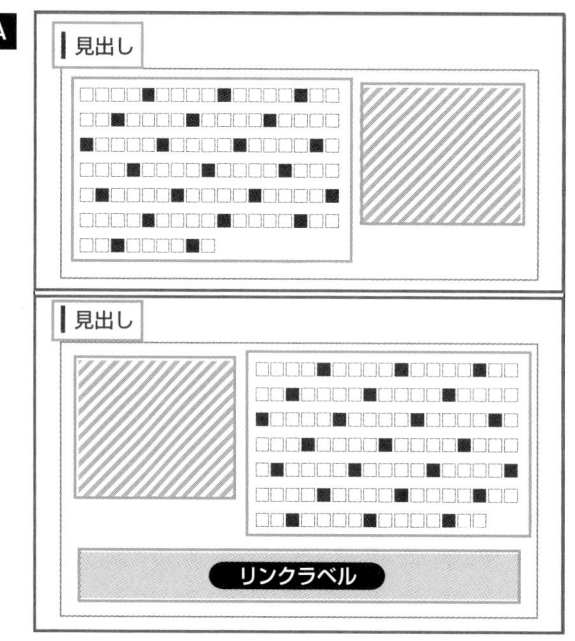

赤色…Block
水色…Element

**図3-12** BlockまたはElementに該当する要素を検討する

BEMにもとづいて制作されたCSSコードでは、セレクタを記述する際に結合子を使う頻度は高くありません。.Block名 .Element名のように子孫セレクタで記述するのではなく、Element名を単独で記述します。

では、「子孫セレクタを使わずにデザイン再現する」という想定で、もう一度カンプを見直してみましょう（図3-13）。

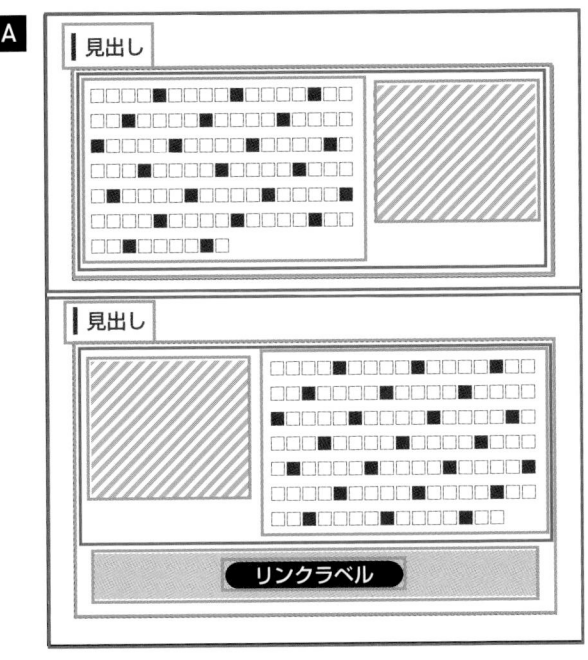

赤色…Block
水色…Element

図3-13 テキストを画像を横並びにするための要素はBlock？　Element？

BEMを実践しようとすると、

● Blockと見なすべきか、Elementと見なすべきか
● （同じようなBlockがあったときに）異なる種類のBlockと見なすべきか、同じ種類と見なしてModifierで区別すべきか

など、目の前にいくつもの選択肢が立ちはだかります。もちろん最終的に選択するのはクリエイター自身ですが、解説書などを読むとさまざまなケースの判断基準が示されているので参考になります。
　ちなみに、BlockかElementかの判断基準は完全に独立した存在で、別の場所に移動しても単体で動作可能なのがBlockなのに対し、Blockの構成要素にすぎず、Block内でのみ意味を持つのがElementと考えるとわかりやすいです。また、Blockに適用すべきスタイルは「周囲に影響を及ぼさないもの」とされています。たとえばpositionやmarginなどのプロパティは周囲に影響するため、Blockに適用するのはNGということになります。

▶ 命名ルール

　では、具体的なサンプルを通して理解を進めましょう（図3-14、リスト3-9、リスト3-10）。パターンAのデザインを実装したいBlockにpattern-Aと名づけたとします。Blockの名前が決まったら、Elementにはpattern-A__titleやpattern-A__contentといった名前をつけます。このように、Elementを名づける際には、そのElementを含むBlock名のうしろにアンダースコアを2つ（__）つけて命名します。

　ちなみに.pattern-A__textと.pattern-A__imageは、HTMLの構造上は.pattern-A__contentの子要素（.pattern-Aの孫要素）なのですが、「.pattern-AのElement」という観点でいえば並列なのでpattern-A__contentと同じルールで命名します。HTMLの構造に合わせてpattern-A__content__textといった名前にする必要はありません。

　テキストと画像を囲む要素にはrowと名づけました。rowはBlock名ではなく、横並びのレイアウトを実装する目的で作成した要素専用のヘルパークラスです。rowと名づけられた要素にはdisplay:flexが適用される想定です。.rowの中の.pattern-A__textは左、.pattern-A__imageは右に配置されますが、左右の並びを逆にするためにバリエーション違いのrow-reverseという名前を作ることにしました。Modifierは、ElementやBlock名のうしろにハイフンを2つ（--）つけて命名します。

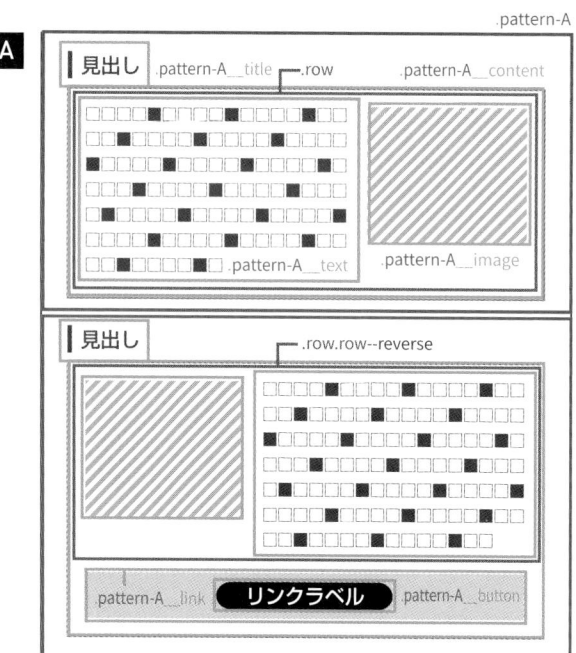

赤色…Block
水色…Element
青色…Modifier
茶色…ヘルパークラス

図3-14 パターンBなど他のデザインバリエーションを実装することを想定しつつclass名を考える

```html
<section class="pattern-A">
    <h1 class="pattern-A__title"> 見出し </h1>
    <div class="pattern-A__content">
        <div class="row">
            <p class="pattern-A__text"> テキストテキストテキストテキストテキストテキス
ト ...</p>
            <img class="pattern-A__image" src="image.png" alt="">
        </div>
    </div>
</section>
<section class="pattern-A">
    <h1 class="pattern-A__title"> 見出し </h1>
    <div class="pattern-A__content">
        <div class="row row_reverse">
            <p class="pattern-A__text"> テキストテキストテキストテキストテキストテキスト ...</p>
            <img class="pattern-A__image" src="image.png" alt="">
        </div>
        <div class="pattern-A__link"><a href="#" class="pattern-A__button"> リンクラベル </
a></div>
    </div>
</section>
```

```css
p {
    margin-top: 0;
}
.row {
    display: flex;
}
.row_reverse {
    flex-direction: row-reverse;
}
.pattern-A__title {
    border-left: 4px solid #333;
    margin-bottom: 10px;
    padding-left: 8px;
}
.pattern-A__content {
```

> 要素を左右に配置することを目的としたヘルパークラス。他でも使い回す前提

> 左右の配置を逆にしたいときに、このModifierを付加する

デザイン実装のための情報を追加する

3

```
    border: 1px solid #999;
    padding: 20px;
}
.pattern-A__image {
    height: 150px;
    margin-left: 10px;
    width: 200px;
}
.row_reverse .pattern-A__image {
    margin-left: 0;
    margin-right: 10px;
}
.pattern-A__link {
    background-color: #ccc;
    display: block;
    margin-top: 10px;
    padding: 10px;
    text-align: center;
}
.pattern-A__button {
    background-color: #333;
    border-radius: 4px;
    color: #fff;
    display: inline-block;
    font-weight: bold;
    padding: 10px 15px;
    text-align: center;
    text-decoration: none;
}
.pattern-B__title {
    border-left: 4px solid #333;
    margin-bottom: 10px;
    padding-left: 8px;
}
.pattern-B__content {
    background-color: #ccc;
    padding: 20px;
}
.pattern-B__image {
    height: 300px;
    margin-left: 10px;
    width: 400px;
```

左右の配置を逆にした際の画像のスタイルなので、子孫セレクタを記述

```
    }
    .row_reverse .pattern-B__image {
        margin-left: 0;
        margin-right: 10px;
    }
    .pattern-B__link {
        background-color: #fff;
        display: block;
        margin-top: 10px;
        padding: 10px;
        text-align: center;
    }
    .pattern-B__button {
        background-color: #333;
        border-radius: 4px;
        color: #fff;
        display: inline-block;
        font-weight: bold;
        padding: 10px 15px;
        text-align: center;
        text-decoration: none;
    }
```

左右の配置を逆にした際の画像のスタイルなので、子孫セレクタを記述

このようにコーディングしておけば、いずれパターンBが必要になったら.pattern-Bや.pattern-B__imageのスタイルを作成することで、HTMLの構造を大きく変更することなく柔軟にスタイルを追加することが可能です。

ただし、これはあくまでサンプルです。たとえば、このサンプルではリンクボタン周りのエリアを「.pattern-AのElement」と考えてpattern-A__linkと名づけましたが、もしこのパーツを.pattern-Bや.pattern-Cでも使い回すことになりそうなら、あらかじめ.pattern-Aから切り離しておいたほうがよいかもしれません。なぜなら、**Elementは親Blockの外側では使い回せないルールになっている**からです。

BEMに限らず、CSSの設計を導入しようとすると「どうやったらもっと効率的に管理できるのか」「どうしたらもっと拡張性の高いコードになるのか」を見直すきっかけになります。実際に導入するかどうかはさておき、**設計思想を学ぶことは「センス」や「勘」に頼ったアマチュアレベルのコーディングから脱却する手助けになる**はずです。

| LET'S TRY!!! |

**3-5　実際に試してみよう**

try/lesson3/3-3/a.html と b.html をブラウザで開いて、コードと表示結果の関連を確認しましょう。a.html は名づけを減らすことを目的としたコード、b.html は BEM の設計思想にもとづいたコードです。

**Column　知識のアップデートは必要？**

　HTMLやCSSに限らず、Webを取り巻く技術は日進月歩であり、トレンドは絶えず変化しています。「流れが速すぎてついていけない」「業務が忙しくて勉強する余裕がない」とへこたれてしまうこともありますが、気が滅入らない程度に情報収集を続けておきましょう。別に、すべてを理解したり実践する必要はありません。「どうやらこんなデザインが流行っているらしい」とか「あのサイトはこういう技術を使って作られているそうだ」とか「詳細はわからないけど、こんな技術が話題になっているんだって」程度でかまわないのです。浅く広く、ただ目の端に入れておくだけで十分です。

　情報源はセミナーでもよいし、雑誌や、信頼できるクリエイターのSNSでの発言でもよいでしょう。情報がたくさん集まると、いつの間にかそれらがつながって「線」となり「面」となって、やがて「おもしろそう」「習得したい」と思えるものが具体的に浮かび上がってきます。もしかしたら、それはいずれあなたの価値をぐっと押し上げてくれる武器になるかもしれません。

　スクールでの授業、書籍や動画コンテンツで必死に学んだ知識・技術は、習得した瞬間からどんどん古くなっていきます。今のスキルに満足せず、少しずつでも拡張していけるよう好奇心のアンテナは常に張り巡らせておきたいものです。

　特にツール周りの知識はこまめにアップデートしておくことをおすすめします。デザインツールをバージョンアップした際の新機能、エディターのプラグインなどは、その存在や使い方を知っているかどうかで作業スピードに圧倒的な差が生まれてしまうこともあります。

# 3 3 CMSに組み込みやすいコードを考える

そういえば、今作っているサイトって最終的にはCMSで管理するんだよね？

はい！ WordPressの組み込み作業はエンジニアさんがやってくれるそうです

そうしたら、CMSに組み込みやすいHTMLが書けているかチェックしてみよう

えっ、そんなこと全然考えずにコーディングしちゃいましたよ……

Contents Management System（以下CMS）で出力されるコードは、プログラムによって自動生成されます。決まり切った単純なコードを出力するだけなら簡単なプログラムで対応できますが、込み入っていたり条件によって異なったりするコードを出力するには複雑なプログラムが必要になってしまいます。

HTML/CSSをコーディングする際にちょっと工夫しておくだけで、複雑なプログラムを用意せずに済むかもしれません。気をつけたいポイントをいくつか挙げていきます。

## 疑似クラスを活用する

図3-15のようなデザインを再現するために、3つの要素に対してそれぞれbox1、box2、box3と名づけたとしましょう（リスト3-11）。

| 1つめのbox | 2つめのbox | 3つめのbox |

図3-15 要素ごとに異なる色のボーダーがついている

**リスト3-11　HTML　要素に名前をつけてデザインを実装する**

```
<div class="box1">1 つめの box</div>
<div class="box2">2 つめの box</div>
<div class="box3">3 つめの box</div>
```

このHTMLをプログラムで生成するには、

①今から出力するdiv要素が全体の何番目かを確認する

②1つめならclass="box1"、2つめならclass="box2"のように、divタグの中にclass属性を出力する

③上記①と②を3回くり返したら（3つめまで終わったら）処理を終了する

という命令を与えなくてはなりません。

しかし、要素の順番によって異なるスタイルを適用するため役割をCSS側で受け持つことにすれば、class名は不要になります（リスト3-12）。

**リスト3-12　HTML　要素に名前をつけずにデザインを実装する**

```
<div>1 つめの box</div>
<div>2 つめの box</div>
<div>3 つめの box</div>
```

div要素にclass名をつける必要がないので、プログラム側で行うのは、

**div要素を3回出力する**

という処理だけで済みます。

CSS側で3つのdiv要素に異なるスタイルを適用するためには、たとえば疑似クラスを用います（リスト3-13）。疑似クラスを使えば、class名がついていなかったとしてもdiv要素それぞれに異なるスタイルを適用することができます。

```css
div:nth-child(1) {
    border: 1px solid red;
}
div:nth-child(2) {
    border: 1px solid green;
}
div:nth-child(3) {
    border: 1px solid blue;
}
```

## カラムレイアウト

図3-16のような4つのカラムが複数行にわたって配置されているレイアウトを再現するには、どんなHTMLが必要でしょうか？　1行につき4つずつ要素を並べるには、1行ごと（要素4つおき）にdivタグなどを使ってグループ化するのがもっともシンプルですね（リスト3-14、リスト3-15）。

図3-16　1行あたり4つずつ並んだカラムレイアウトのイメージ

**リスト3-14　HTML　横に並べたい要素 .child をグループ .parent にまとめている**

```html
<div class="parent">
    <div class="child">...</div>
    <div class="child">...</div>
    <div class="child">...</div>
    <div class="child">...</div>
</div>
<div class="parent">
    <div class="child">...</div>
    <div class="child">...</div>
    <div class="child">...</div>
    <div class="child">...</div>
</div>
```

**リスト3-15　CSS　4つの .child を、20px ずつのスペースつきで配置している**

```css
.parent {
    display: flex;
    gap: 20px;
}
.child {
    flex-grow: 1;
}
```

flex-grow プロパティについては、Lesson4 で詳しく説明しています（104ページ）。

**3-6　実際に試してみよう**

try/lesson3/3-6.html をブラウザで開いて、コードと表示結果の関連を確認しましょう。

このHTMLをプログラムで生成するには、

①今から出力する.childが全体の何番目かを確認する

②1番目、または「4の倍数＋1（5、9、13、17...）番目」なら\<div class="parent"\>に続けて\<div class="child"\>を出力し、それ以外なら\<div class="child"\>のみ出力する

③4番目、または「4の倍数（8、12、16、20...）番目」なら、\<div class="child"\>に続けて\</div\>を出力する

という命令を与えなくてはなりません。

　でもCSSを工夫すれば、.parentの中に含まれる.childの数を限定せずにレイアウトすることが可能です。やり方はいくつかありますが、ここではFlexboxで実現する方法を考えてみましょう。

　まずHTMLを変更します。すべての.childを4つごとに区切らず、まるごと.parentでグループ化しましょう。これで、プログラム側で.childを数えたり、その数によって\<div class="parent"\>や\</div\>を出力するための処理は不要になりました（リスト3-16）。

　続いてCSSです。「FlexアイテムはFlexコンテナーの中で改行せずに並ぶ」というのがデフォルトの仕様なので、flex-wrapプロパティで改行禁止の状態を解除します。

　そして.childの幅をwidthプロパティを使って指定します。.parent全体の幅から要素間のスペース（20px×3=60px）を引いた数値を4で割ったのが.childの幅なので、calc()関数を使って計算させます（リスト3-17）。

**リスト3-16　HTML　すべての.childを1つのグループにまとめた**

```html
<div class="parent">
    <div class="child">...</div>
    <div class="child">...</div>
    <div class="child">...</div>
    <div class="child">...</div>
    <div class="child">...</div>
    <div class="child">...</div>
    <div class="child">...</div>
    <div class="child">...</div>
</div>
```

```css
.parent {
    display: flex;
    flex-wrap: wrap;
    gap: 20px;
}
.child {
    width: calc((100% - 60px) / 4);
}
```

3-7　実際に試してみよう

try/lesson3/3-7.html をブラウザで開いて、コードと表示結果の関連を確認しましょう。

　このように、HTMLを出力するのに必要なプログラムの処理をCSS側で担うことで、「CMSに組み込みやすいHTML」を提供することが可能になります。

# Lesson 4

## ページのレイアウトを実装する

　いよいよCSSのコーディングです。レイアウトに関する
CSSは苦手に感じる人が多いのですが、その理由の1つに「先
を急ぎすぎる」ことがあるようです。レイアウトは焦らず落
ち着いて、確認しながら一つ一つ進めていくのがポイントで
す。また、レイアウトのためにHTMLを変更するのは最終手
段と考えましょう。

# 4 1 ページ全体をレイアウトする

HTMLがほとんど完成したので、CSSに着手しようと思います。ただ、どこから手をつけたらいいのか……

まずはページ全体のレイアウトを組んでみる、というのはどう？

ページ全体のレイアウトですか？

細かいパーツの余白を設定したり色をつけたりする前に、ざっくりとページ全体の配置を済ませちゃおう

CSSコーディングをスムーズに進めるコツは**より大きな要素のレイアウトから着手すること**です。小さな要素の配置や装飾は後回しにしましょう。画像上下の余白を調整したりテキストの色を指定する前に、ページ全体のレイアウトを終えてしまいましょう。

## どこから手をつければよいかわからないときは

CSSでつまずくのは、大抵レイアウトです。「思ったような配置にならず、あれこれ試しているうちに他の部分まで崩れてしまった」という経験はありませんか？　ひとたびレイアウトにハマってしまうと、自分が書いたCSSのどこに問題があるのか調べることすら困難になる場合があります。

ですから、まずは大きな要素、次に小さな要素の順でレイアウトに着手します（図4-1）。このように段階を踏みながらコーディングを進めていけば、仮に小さな要素の配置作業中に不具合が起こったとしても、その前に書いた（大きな要素のレイアウトに関係する）CSSコードは検証対象から外すことができます。

**図4-1** 赤枠で囲まれているのが「大きな要素の配置」、青枠で囲まれているのが「小さな要素の配置」

**4**

CSSに限らず、プログラムを書く際にもミスはつきものです。言語の種類にかかわらず、コーディングにおいてはノーミスを目指すのではなく、**エラーが発生したときに問題点を素早く見つけ出せるよう保険をかけておく**ことが大切です。

要素の上下に余白をつけるためのCSS1つとっても、保険をかけたコーディングは可能です。あるときはmargin（padding）-top、別の箇所ではmargin（padding）-bottomといった具合にルールを設けずコーディングしていると、いざ想定外の余白がついているのを発見したときに「不具合の原因となっている要素を探す」作業からスタートしなくてはいけません。でも、「垂直方向の余白は、必ず要素の上部につける」と決めておけば、問題解決までの道のりを短縮できますよね。こうした小さな工夫の積み重ねが保険になるのです。

保険だけでなく、こまめな確認も大切です。確認するのは当たり前と思うかもしれませんが、コーディングに不慣れな人ほど、コーディング作業に夢中になるあまりレンダリング結果の確認を忘れがちです。ちょっと極端かもしれませんが、CSSを1行記述したらその都度ファイル保存してブラウザを再読み込みするくらいの心持ちでちょうどよいかもしれません。

さて、ここからはいくつかのレイアウト手法を見ていきましょう。いずれの手法にも得意・不得意があり、その手法を使うのに適した場所があります。それぞれの特徴を知って、正しく使い分けることが大切です。

## レイアウト手法① Float

floatプロパティを使って配置する手法です（リスト4-1、リスト4-2）。float:rightを指定された要素は右に寄り（包含ブロックの右側に沿う）、それ以降の要素が左に回り込むように配置されます（図4-2）。同様に、float:leftを指定された要素は左に寄り、以降の要素が右に回り込む形で配置されます。

| リスト4-1 | HTML | 画像（img）と文章（p）をdivタグで囲んだ |

```
<div>
    <img src="eye.jpg" alt=" 写真：猫の目 ">
    <p> 顔の面積に対して目の大きさがかなり大きい。そのため、暗い場所でも物を見ることができる。⏎
<br>
    また、8m 離れていたとしても人間の顔を識別できる程度のすぐれた視力を備えている。</p>
</div>
```

リスト4-2　**CSS**　親要素divに赤い枠線をつけ、子要素imgのサイズを指定して右に寄せた

```
div {
    border: 4px solid crimson;
    padding: 20px;
    width: 500px;
}
img {
    float: right;
    height: auto;
    margin-bottom: 5px;
    margin-left: 20px;
    margin-top: 5px;
    width: 230px;
}
```

図4-2　img要素が右に寄り、後続のp要素が画像の左に回り込む

　「右（左）に置きたい要素があるときには、とりあえずfloat」と考えている人も多いのですが、どちらかというと「以降の要素が左（右）に回り込む」という特徴のほうに注目してください。重要なのは、floatは回り込みを目的としたレイアウトだということです。逆にいえば、**回り込ませる必要がないのならfloatを使う理由はありません**（図4-3）。

顔の面積に対して目の
大きさがかなり大き
い。そのため、暗い場
所でも物を見ることが
できる。
また、8m離れていた
としても人間の顔を識
別できる程度のすぐれ
た視力を備えている。

図4-3 テキストを写真に回り込ませなくてもよい＝float以外で実装したほうがよいレイアウト

　floatを使う際に注意したいのは、**floatが適用された要素は通常のフローから外れる**という点です。そのため、図4-4のようにテキスト（p要素）の高さが画像のそれに満たなかった場合には、親要素（div）は画像の高さを無視して表示されます。

顔の面積に対して目の
大きさがかなり大き
い。そのため、暗い場
所でも物を見ることが
できる。

図4-4 親要素の高さを算出する際、画像の高さは無視される

### ▶ clearfix

　floatの影響を終わらせるにはclearプロパティを使いますが、もしclearプロパティを適用するための要素が存在しない場合には「clearfix（クリアフィックス）」と呼ばれる手法を用いるのが一般的です。clearfixとして紹介されるコードにはいくつかありますが、代表的なのはリスト4-3のようなコードでしょう。

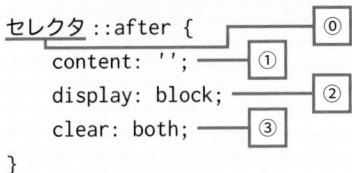

リスト4-3　　CSS　　clearfix の CSS

```
セレクタ ::after {            ⓪
    content: '';          ①
    display: block;       ②
    clear: both;          ③
}
```

clearfixの使い方は簡単で、⓪の「セレクタ」と書かれた部分を、float要素の親要素名に変更するだけです。しかし、使い方を間違っているケースを時々見かけます。これはclearfixがfloatを解除する理由を理解していないことが原因でしょう。なぜそうなるのかを知っていれば、無関係の要素にclearfixを用いることはないはずです。

では、clearfixを1行ずつ分解しながら、何をしているのか見ていきましょう。そもそもclearfixの目的は非浮動ブロックを疑似的に作ることです。そのことを前提として説明を進めますね。

### ① content: '';

floatで左右に配置された要素の親要素に対して、::afterで疑似的に子要素を作ります（図4-5）。

顔の面積に対して目の大きさがかなり大きい。そのため、暗い場所でも物を見ることができる。

①親要素divの最後に子要素を作る

図4-5　content: ''; で疑似要素に空の内容を指定する

### ② display: block;

疑似要素の表示種別を指定します。値をblockにすることで、架空の要素はブロックレベル要素として表示されるためdiv要素の幅いっぱいに引き伸ばされます（図4-6）。

4

ページのレイアウトを実装する

顔の面積に対して目の大きさがかなり大きい。そのため、暗い場所でも物を見ることができる。

②表示種別を block に切り替える

図4-6 display: block; で疑似要素を引き伸ばす

### ③ clear: both;

疑似要素に対して clear プロパティを適用し、div の内側で float の影響を終わらせます。こうすることで div 要素の高さを正しく算出することができるようになるため、画像が赤枠を突き抜ける表示を回避できます（図4-7）。

顔の面積に対して目の大きさがかなり大きい。そのため、暗い場所でも物を見ることができる。

③疑似要素に clear プロパティを適用する

図4-7 clear: both; で float の影響を終わらせる

4-1　実際に試してみよう

try/lesson4/4-1/index.html を編集して、clearfix を追加する前と後の表示結果を確認しましょう。

## レイアウト手法② Flexbox

複数の要素を左から右に向かって並べるといった、一次元のシンプルなレイアウトの実装には「CSS

Flexible Box Layout Module」にもとづいた手法が最適です。この仕様で定義されているプロパティや値を使うと、簡潔なコードで柔軟性の高いレイアウトを実現できるので**「レイアウトといえばFlex」といってよいくらい出番の多い手法**です。

　この仕様は「Flexレイアウト」などとも呼ばれますが、本書では「Flexbox」と表記します。Flexboxでは、以下のようなレイアウトを簡単に実装できます（図4-8、図4-9）。

**・主軸の向きを変更する**

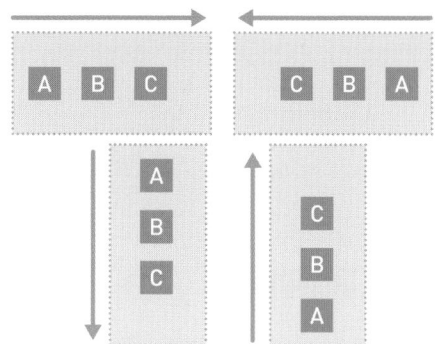

図4-8　flex-directionプロパティで、並べる方向を自在に変更する

**・交差軸に沿った位置合わせ**

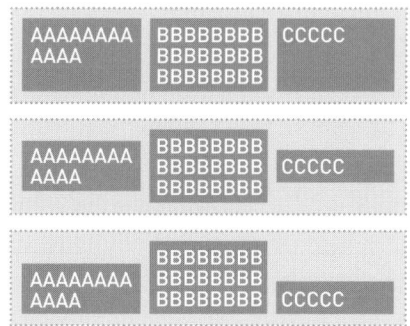

図4-9　align-itemsプロパティで、横並びになった複数の要素の高さを揃えたり垂直方向で位置合わせする

　Flexboxを使いこなすには**「コンテナーとアイテム」**と**「主軸と交差軸」の理解が欠かせません**。Flexboxが苦手と思っている人の多くはこの2つのポイントが曖昧になっているようです。しっかり押さえておきましょう。

### ▶ コンテナーとアイテム

display: flex;が適用された要素を「Flexコンテナー」、その子要素を「Flexアイテム」と呼びます。
justify-contentやflex-directionはFlexコンテナーに適用して初めて意味を持つプロパティです。
リスト4-4、リスト4-5では、ulがFlexコンテナー、liがFlexアイテムなので、たとえばliに対して
justify-contentのスタイルを適用しても意味がありません。**コンテナー用のプロパティとアイテム
用のプロパティ、それぞれの違いを整理しておきましょう**（図4-10、表4-1）。

| リスト4-4 | HTML | 3項目の箇条書き |
|---|---|---|

```
<ul>
    <li>A</li>
    <li>B</li>
    <li>C</li>
</ul>
```

| リスト4-5 | CSS | displayプロパティの値をblock→flexに変更 |
|---|---|---|

```
ul {
    display: flex;
}
```

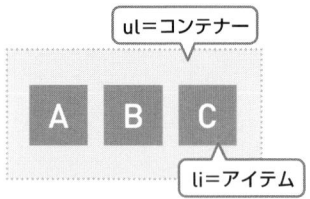

図4-10 ul要素をFlexコンテナー、li要素をFlexアイテムとして定義

表4-1 コンテナー用、アイテム用それぞれのプロパティの種類

| コンテナー用のプロパティ | アイテム用のプロパティ |
|---|---|
| justify-content、align-items、flex-directionなど | order、flex-growなど |

**Flexアイテムになり得るのは、Flexコンテナーの直下にある要素のみ**だということに気をつけ
てください。もしli要素を横並びにしたかったりli要素の高さを揃えたりしたいのであれば、リス
ト4-6、リスト4-7のようなコードはNGです。なぜなら、このCSSは「Flexコンテナー＝div、Flex
アイテム＝ul」と定義しているからです。display: flex;は、divではなくul要素に適用しましょう。

**リスト4-6　HTML　HTMLの構造が複雑になったら……**

```
<div>
    <ul>
        <li>A</li>
        <li>B</li>
        <li>C</li>
    </ul>
</div>
```

**リスト4-7　CSS　Flexコンテナーにしたい要素はdivでOK？**

```
div {
    display: flex;
}
```

### ▶ 主軸と交差軸

　Flexboxでレイアウトする際は、コンテナーの主軸と交差軸を常に意識しましょう。初期状態では、主軸は左から右に向かっています。主軸と90度に交わっているのが交差軸で、初期状態では上から下に向かっています（図4-11）。そのため、**Flexアイテムは左から右に向かって並び、Flexコンテナーの右端まで来たら上から下に向かって改行していきます**（改行が許可されている場合）。

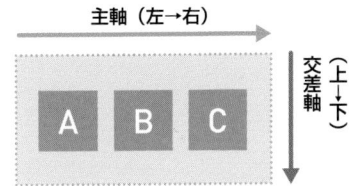

**図4-11** 初期状態の主軸と交差軸の向き

　主軸の向きはflex-directionプロパティで指定します（表4-2）。初期値はrow（主軸が左から右に向かっている状態）が指定されています。値をcolumnに変更すると、主軸の向きは上から下に変更されます。主軸の向きが変わると交差軸の向きも変更されるので、Flexアイテムの並び方が変わるだけでなくjustify-contentやalign-itemsといったプロパティが表示結果に与える影響も変わります。

表4-2 flex-direction プロパティに設定した値による違い

| flex-directionの値 | 主軸の向き | 交差軸の向き |
|---|---|---|
| row（初期値） | 左→右 | 上→下 |
| row-reverse | 右→左 | 上→下 |
| column | 上→下 | 左→右 |
| column-reverse | 下→上 | 左→右 |

・**justify-content と align-items**

**justify-content は、主軸に沿った配置を指定するためのプロパティ**です。

一般的な Web ページにおいて、flex-direction が初期値なら「justify-content は左右方向の配置を指定するためのプロパティ」と考えて差し支えないのですが、もし flex-direction: column; が適用されていたら「上下方向の配置を指定するためのプロパティ」と認識を改める必要があります。

**align-items は交差軸に沿った配置を指定するためのプロパティ**なので、こちらも flex-direction の値によって表示結果が変わってきます。

「justify-content ＝水平方向の配置を行うためのプロパティ、align-items ＝垂直方向の配置を行うためのプロパティ」という認識だと、思ったように配置できない場合があるので注意しましょう。

【LET'S TRY!!!】 **4-2** **レイアウトしてみよう**

try/lesson4/4-1/index.html を編集して、Flexbox で p 要素を左、img 要素を右にレイアウトしましょう。　　　解答例は237ページへ

▶ **よく使うプロパティ**

justify-content や align-items 以外にも、Flexbox で自由なレイアウトを実現するために知っておきたいプロパティがあるのでご紹介します。

・**order**

order は、Flex アイテムの順序を変更するためのプロパティです。初期状態だと、HTML の記述順どおり「1つめの要素が1番目、2つめの要素が2番目、3つめの要素が3番目」に並ぶのですが、Flex アイテムに order プロパティを適用することで HTML の記述順と切り離した順番で並べ替えることができます（リスト4-8、リスト4-9、図4-12）。

リスト4-8　　　HTML　　　A、B、Cの順に記述された箇条書き

```
<ul>
    <li>A</li>
    <li>B</li>
    <li>C</li>
</ul>
```

リスト4-9　　　CSS　　　orderプロパティで表示順を並び替えた

```
ul {
    display: flex;
}
li:nth-child(1){
    order: 2;          ── 1番目→2番目に変更
}
li:nth-child(2){
    order: 3;          ── 2番目→3番目に変更
}
li:nth-child(3){
    order: 1;          ── 3番目→1番目に変更
}
```

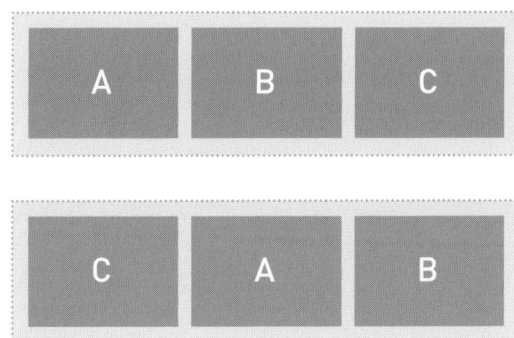

図4-12　orderプロパティで任意の順序に並び替える

　「orderプロパティでわざわざ並び替えるくらいなら、HTMLの記述順を変更すればよいのでは？」
と思われるかもしれませんが、**「情報をわかりやすく伝えるのに最適な並び順」と「デザイン的な
効果が高い並び順」が食い違う**ことは珍しくありません（図4-13）。そういうときには、HTMLは

内容に即した順序で記述し、orderプロパティで見た目の順序を調整しましょう。Lesson5の「定番のパーツをスタイリングする」（138ページ）で具体的に解説しているので参照してください。

①記事タイトル：作り込まれたワイヤーフレーム
　からデザインを起こすときの注意点

②＜アイキャッチ画像＞

③更新日付：202x.04.05

④執筆担当者：富樫けい子

⑤記事カテゴリー：デザイン／UI

図4-13 左：情報をわかりやすく伝えるのに最適な並び順、右：デザイン的な効果が高い並び順

・flex

flexはFlexアイテムに対して有効なショートハンド（一括指定）プロパティです。これ1つで、flex-grow（コンテナーに余り空間が生まれた場合に、アイテムをどのくらい伸長させるか＝伸長係数）、flex-shrink（アイテムの寸法の合計がコンテナーよりも大きい場合にどのくらい縮小させるか＝縮小係数）、flex-basis（アイテムの初期の寸法。flex-basisとwidthの両方が設定されていた場合はflex-basisが優先される）という3つのプロパティをまとめて指定できます。値は半角スペースで区切って記述します（表4-3）。

表4-3 flexプロパティの指定例

| flexの値 | 表示結果（主軸の向きが左→右の場合） |
|---|---|
| 0 1 auto（初期値） | widthプロパティによって幅が決められますが、コンテナーに入りきらない場合は最小サイズまで収縮します。逆にコンテナーに空き領域が生まれてしまった場合には、幅が広がることはありません |
| 1 1 auto | widthプロパティによって幅が決められますが、コンテナーに入りきらない場合は最小サイズまで収縮し、コンテナーに空き領域が生まれれば幅を広げて埋めようとします |
| 0 0 auto | widthプロパティによって決められた幅は完全に固定されます。コンテナーの幅に連動して収縮したり広がることはありません |

文字で読むだけだとわかりづらいので、サンプルを見ながら理解を深めましょう。まずは、flexプロパティが初期値の状態から確認していきます。サンプルコードでは、わかりやすくするために

初期値の flex: 0 1 auto;を記述していますが、実際には記述不要です（リスト4-10、リスト4-11、図4-14）。

```html
<div class="container">
    <div class="item item-A">A</div>
    <div class="item item-B">B</div>
    <div class="item item-C">C</div>
</div>
```

```css
.container {
    background-color: #eee;
    display: flex;
    width: 500px; ——————— Flex コンテナーの幅
}
.item {
    flex: 0 1 auto;
    width: 100px; ——————— Flex アイテムの幅
}
```

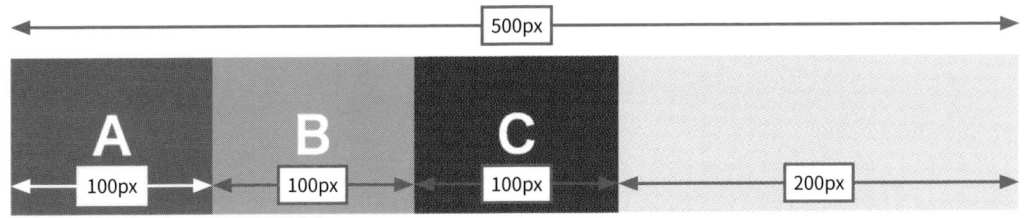

図4-14 アイテム幅の合計は300px、空き領域は200px

4-3 実際に試してみよう

try/lesson4/4-3.htmlをブラウザで表示して、画面上で現在の状態を確認してみましょう。

ではFlexアイテムの幅を指定しているwidthの値はそのままで、アイテム「B」のみflexプロパティ

の値を変更してみましょう。.item-Bのflex-growプロパティ値を1に変更すると、コンテナーの空き領域（200px）がそのまま.item-Bの表示領域に追加されます（リスト4-12、図4-15）。

リスト4-12　　CSS　　1つめの値（flex-growプロパティ値）を、初期値の0から1に変更した

```css
.item-B {
    flex: 1 1 auto;
}
```

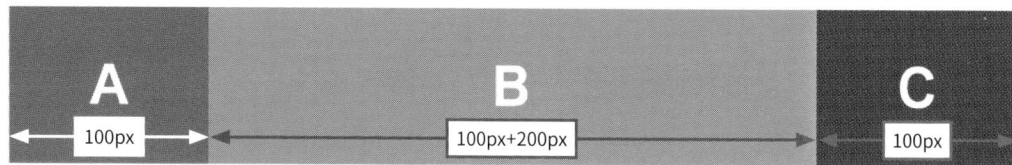

図4-15 .item-Bの幅が300pxに広がった

　伸長係数の理解を深めるため、サンプルをもう1つ見てみましょう。.item-Aのflex-growプロパティ値を2、.item-Bは5、.item-Cは3にします（リスト4-13）。すると、コンテナーの空き領域（200px）がflex-growプロパティ値の合計（2+5+3=10）で分割され、それぞれのflex-grow値に応じて分配されます（図4-16）。

リスト4-13　　CSS　　3つのFlexアイテムに異なるflex-grow値を指定した

```css
.item-A {
    flex: 2 1 auto;
}
.item-B {
    flex: 5 1 auto;
}
.item-C {
    flex: 3 1 auto;
}
```

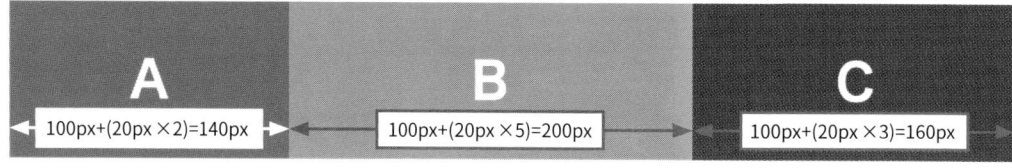

図4-16 各アイテムの幅がflex-grow値に応じて広がった

4-4 実際に試してみよう

try/lesson4/4-3.htmlをリスト4-12、リスト4-13のように変更して、表示結果の
違いを確認してみましょう。

では次に、アイテム幅の合計がコンテナーの幅より大きかったらどうなるのか見てみましょう。

.itemのwidth値を200pxに変更して、アイテム3つの合計（600px）がコンテナーの幅（500px）を超えるようにします。flexプロパティ値は、いったんflex: 0 1 auto;（初期値）に戻して確認してみます（リスト4-14）。

すると、アイテムの幅として指定したwidth値200pxは無視され、コンテナーに収まるようすべてのアイテムが同率で縮小されることがわかりました（図4-17）。

| リスト4-14 | CSS | .temの幅を大きくした |
| --- | --- | --- |

```
.item {
    flex: 0 1 auto;
    width: 200px;          ━━━  Flex アイテムの幅
}
```

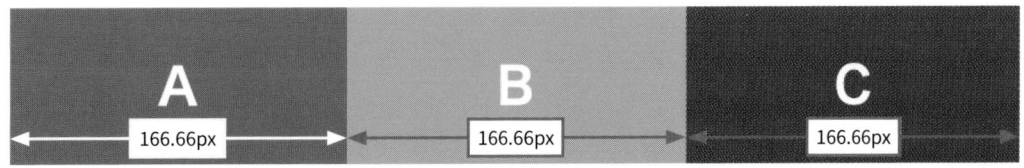

図4-17 コンテナー幅を超えて表示されることなく、自動的に縮小されてコンテナー内に収まる

4-5 実際に試してみよう

try/lesson4/4-3.html をリスト4-14のように変更して、表示結果の違いを確認し
てみましょう。

では.item-Bのみflexプロパティの値を0 0 autoに変更しましょう（リスト4-15）。

flex-shrinkプロパティ（縮小係数）の値を0にすることで.item-Bは縮小されなくなり、そのぶん、.item-Aと.item-Cが大幅に縮小されます（図4-18）。

```css
.item-B {
    flex: 0 0 auto;
}
```

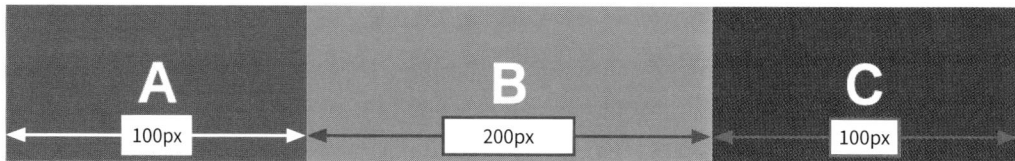

図4-18　.item-Bの幅は指定どおり200pxで表示され、.item-Aと.item-Cが帳尻を合わせる形で縮小される

　縮小係数の理解を深めるため、サンプルをもう1つ見てみましょう。.item-Aのflex-shrinkプロパティ値を2、.item-Bは5、.item-Cは3にします（リスト4-16）。すると、コンテナーからはみだした領域（100px）がflex-shrinkプロパティ値の合計（2+5+3=10）で分割され、それぞれのflex-shrink値に応じて差し引かれます（図4-19）。

リスト4-16　CSS　2番目の値（flex-shrink プロパティ値）をそれぞれ異なる値に変更した

```css
.item-A {
    flex: 0 2 auto;
}
.item-B {
    flex: 0 5 auto;
}
.item-C {
    flex: 0 3 auto;
}
```

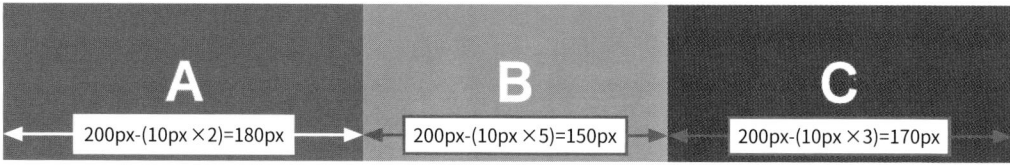

図4-19　各アイテムの幅がflex-shrink値に応じて狭まった

4-6 実際に試してみよう

try/lesson4/4-3.htmlをリスト4-15、リスト4-16のように変更して、表示結果の

違いを確認してみましょう。

flex-growとflex-shrinkの計算方法は少々ややこしいのですが、理解しておくとFlexboxに対する苦手意識をぐっと減らせるはずです。

## レイアウト手法③ Grid

ほとんどのレイアウトはFlexboxで実装できるのですが、複雑なレイアウトを組んだり、レスポンシブ対応時にレイアウトをダイナミックに変更する際には「CSS Grid Layout Module」という仕様で定義されているプロパティや値を使ったほうがよい場合があります。

CSS Gridには以下のような特徴があります。

- HTMLの構造がシンプル
- 直感的に配置できる

### ▶ HTMLの構造がシンプル

Flexboxでは、配置の方向やその他のルールを変えるたびに新たなFlexコンテナーを作る必要があります。そのため、どうしてもdiv要素が増える傾向にあります。CSS Gridは1つの要素＝エリアを複雑なグリッドで区切って配置できるので、div要素の数を最小限に抑えることができます。

たとえば、図4-20のようなレイアウトを組むとしましょう。

A
Lorem ipsum dolor sit amet consectetur adipisicing elit. Explicabo libero qui id!

B

C
Lorem ipsum dolor sit amet.

図4-20 BとCは上下方向の両端揃えで配置したい

Flexboxで実装するとしたら、Aを左、B・Cを右に配置するためのFlexコンテナーと、BとCを上下方向で両端揃えにするためのFlexコンテナーの両方が必要です。このコード例では、.flexを左右配置のためのFlexコンテナーとし、.flex-BCを上下方向配置のためのFlexコンテナーにしました。.flex-BCは.flexのアイテムでもあるので、HTMLの構造だけでなくCSSも少々わかりづらい書き方にせざるを得ません（リスト4-17、リスト4-18、図4-21）。

**リスト4-17　HTML　Flexboxによるレイアウトを想定したコード**

```html
<div class="flex">
    <div class="flex-A">A<br>Lorem ipsum...</div>
    <div class="flex-BC">
        <div class="flex-B">B</div>
        <div class="flex-C">C<br>Lorem ipsum...</div>
    </div>
</div>
```

**リスト4-18　CSS　Flexコンテナーを入れ子にした**

```css
.flex {
    display: flex;
}
.flex-A {
    width: 300px;
}
.flex-BC {
    display: flex;
    flex-direction: column;
    justify-content: space-between;
    margin-left: 10px;
    width: 300px;
}
```

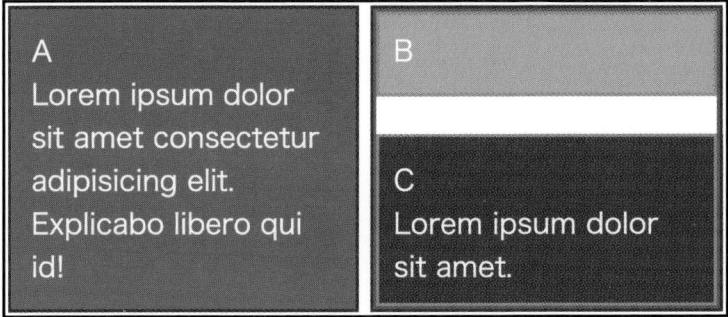

2つのFlexコンテナーを入れ子構造にして配置するイメージ

一方、CSS Gridで実装する際のコードは以下のようになります（リスト4-19、リスト4-20）。Gridコンテナーは1つあれば十分なので、A・B・Cの要素を同じ構造で記述できます。それぞれの要素をGridアイテムとして3列・3行のマスに配置しました（図4-22）。

リスト4-19　HTML　CSS Gridによるレイアウトを想定したコード

```html
<div class="grid">
    <div class="grid-A">A<br>Lorem ipsum...</div>
    <div class="grid-B">B</div>
    <div class="grid-C">C<br>Lorem ipsum...</div>
</div>
```

リスト4-20　CSS　3列・3行のマスに配置した

```css
.grid {
    display: grid;
    grid-template-columns: 300px 10px 300px;   ── 300px、10px、300pxの幅で3列に区切る
    grid-template-rows: auto auto auto;   ──
}                                           数値指定せず3行に区切る
.grid-A {
    grid-column: 1;   ── 1列目に配置する
    grid-row: 1 / -1;   ──   1行目から最終行まで使って配置する
}
.grid-B {
    grid-column: 3;   ── 3列目に配置する
    grid-row: 1;   ──   1行目に配置する
}
```

```
.grid-C {
    grid-column: 3; ─────┐ 3列目に配置する │
    grid-row: 3; ──────────────────────────── 3行目に配置する
}
```

A
Lorem ipsum dolor
sit amet consectetur
adipisicing elit.
Explicabo libero qui
id!

B

C
Lorem ipsum dolor
sit amet.

図4-22 3列・3行に区切るイメージ

**4-7** レイアウトしてみよう

try/lesson4/4-7.htmlを編集して、FlexboxとCSS Gridのレイアウトを体験しま
しょう。Flexbox用のHTML（.flex）とCSS Grid用のHTML（.grid）の両方が用
意されているので、CSSを追加して2つの手法を実際に試してみましょう。

### ▶ 直感的に配置できる

　CSS Gridによるレイアウトは、「列や行の数をどうするか」「Gridアイテムの幅や高さをどうするか」
など事前の設計が重要なポイントとなります。事前の計画が甘いと、思うような配置になりません。
しかし、ひとたび適切なグリッドを引くことができれば、位置指定そのものは大変簡単で直感的に
行うことができます。

　またCSS Gridならではの特徴として、重なりの指定も可能です。緑色のアイテム.grid-Cをオレ
ンジ色のアイテム.grid-Bと同じ場所に配置するとしましょう。リスト4-21のように記述すれば実
装できますが、.grid-Bの上に.grid-Cが完全に重なったことで.grid-Bが見えなくなってしまいまし
た（図4-23）。

| リスト4-21 | CSS | .grid-Cを1行目から3行目まで使って配置した |

```css
.grid-C {
    grid-column: 3;
    grid-row: 1 / 3;
}
```

| A | C |
| Lorem ipsum dolor sit amet consectetur adipisicing elit. Explicabo libero qui id! | Lorem ipsum dolor sit amet. |

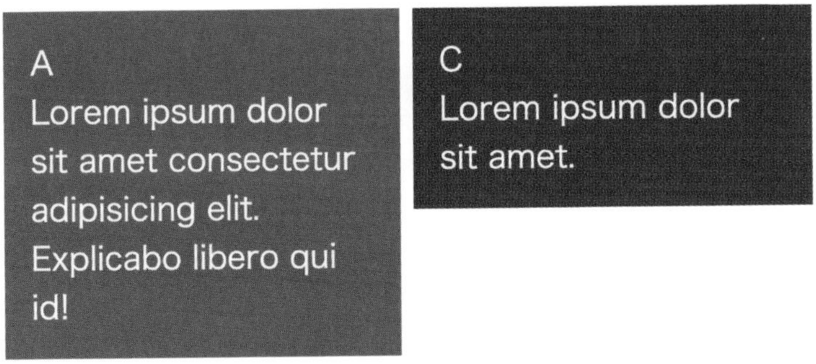

図4-23 .grid-Cの下に.grid-Bが隠れてしまった

　ここでz-indexプロパティを併用すれば、Gridアイテムの重なり順を変更できます（リスト4-22）。z-indexの値（数字）は大きなほうが上に重なるので、.grid-Bのz-index値をアイテム.grid-Cのそれより大きく指定することで.grid-Cの上に.grid-Bを重ねることができます（図4-24）。

　このサンプルではz-indexプロパティの値を1や2としましたが、途中に別の要素を挟み込む可能性を考慮して1と10のように数の間隔を空けて指定することもあります。

| リスト4-22 | CSS | z-indexプロパティで重なり順を変更した |

```css
.grid-B {
    z-index: 2;
}
.grid-C {
    grid-column: 3;
    grid-row: 1 / 3;
    z-index: 1;
}
```

A
Lorem ipsum dolor sit amet consectetur adipisicing elit. Explicabo libero qui id!

B
Lorem ipsum dolor sit amet.

図4-24 重ねて配置することも可能

4-8 実際に試してみよう

try/lesson4/4-7.htmlのCSS Grid用のHTML（.grid）を編集して、重なりの配置を実際に試してみましょう。

## レイアウト手法④ Position

WebブラウザがFlexboxやCSS Gridに対応したことで、positionプロパティの出番は減ったかもしれません。でも、positionでなければ実装できない配置もあります。ここでは、要素を固定するためのfixedと、あたかもJavaScriptで制御しているかのような見た目を実現できるsticky、この2つの値を見ておきましょう。

### ▶ fixed

position: fixed;を適用すると、要素を任意の位置に固定できます。よく見かける使いどころは、**固定ヘッダーやページ右下の「ページ上部へ戻る」ボタン**でしょうか。

気をつけたいのは、position: fixed;が適用された要素の周囲にある要素は、その要素の影響を受けて大きさを変えたり移動したりすることはない、という点です。たとえばヘッダーを固定すると、ヘッダー下のコンテンツは（ヘッダーの存在を無視して）ウィンドウの上端ピッタリに配置されます（図4-25）。

図4-25 ヘッダーを固定すると、メインビジュアルの上部がヘッダーのうしろに食い込んだようにレンダリングされる

　また、仕様書に書かれている「ビューポートによって定められた初期の包含ブロックに対して相対配置される」という点にも気をつけてください。「初期の包含ブロック」とは、ブラウザウィンドウを指すものと考えて差し支えありません。つまり、position: fixed;が適用された要素はブラウザウィンドウの幅と高さに対して相対配置される、ということです。**特定の要素の中で固定することはできません。**

### ▶ sticky

　sticky＝「粘着」ですが、「ブラウザウィンドウをスクロールした際に、しかるべき位置で固定される」と言い換えたほうがわかりやすいかもしれません。たとえばメインビジュアルに対してposition: sticky;を適用しておけば、ユーザーがある時点までスクロールするとウィンドウ上部にメインビジュアルが固定されます（図4-26）。

スクロール前

スクロール後

**図4-26** スクロールしていくと親要素の上部に固定される

　fixedと異なり、粘着する対象はブラウザウィンドウ全体とは限りません。親要素が「スクロールの仕組み」を持っていれば、その要素に対して粘着させることができます。もしリスト4-23、リスト4-24のようなコードを記述すれば、.parent1と.parent2の中でそれぞれ.itemを粘着させられます（図4-27）。

**リスト4-23　　　HTML　　　スクロールの仕組みを持った親要素を2つ作成した**

```html
<div class="parent parent1">
    <p>Lorem ipsum dolor sit amet...</p>
    <div class="item">sticky</div>
    <p>Lorem ipsum dolor, sit amet consectetur...</p>
</div>
<div class="parent parent2">
    <p>Lorem ipsum dolor sit amet...</p>
    <div class="item">sticky</div>
    <p>Lorem ipsum dolor, sit amet consectetur...</p>
</div>
```

**リスト4-24　　　CSS　　　2つの.itemを上から10pxの位置、上から50pxの位置に粘着させる**

```css
.parent {
    height: 300px;
    overflow: scroll;
    width: 500px;
```

```
}
.item {
    position: sticky;
}
.parent1 .item {
    background-color: deeppink;
    top: 10px;
}
.parent2 .item {
    background-color: darkgreen;
    top: 50px;
}
```

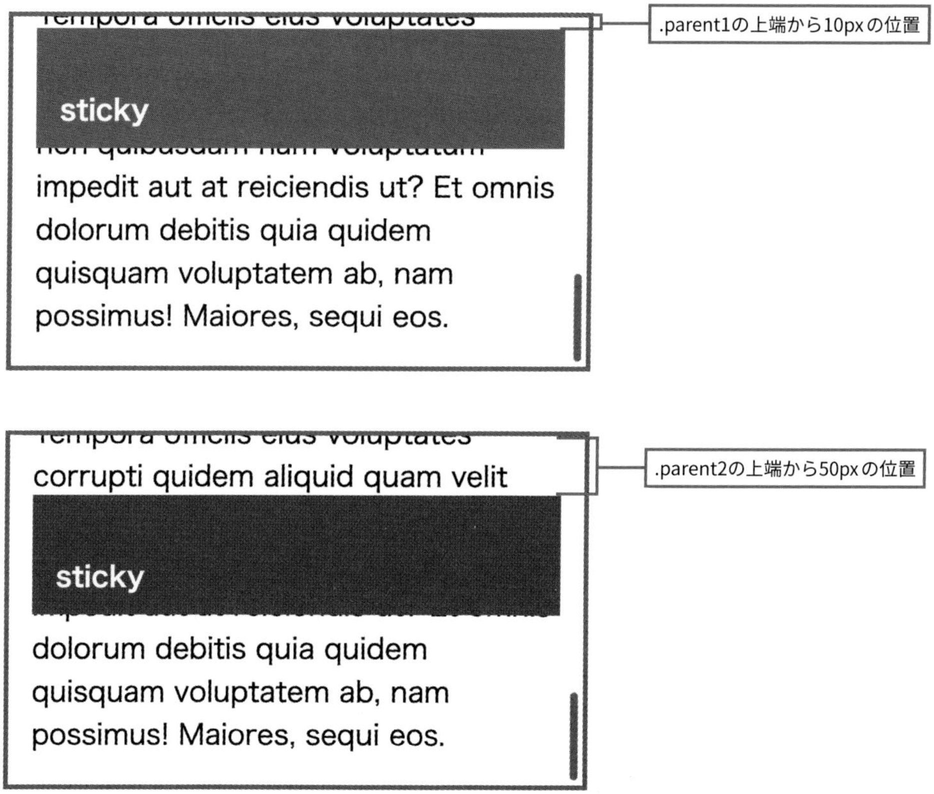

.parent1の上端から10pxの位置

.parent2の上端から50pxの位置

図4-27 .parent1と.parent2を下向きにスクロールしていくと、topプロパティで指定した位置に粘着する

4-9 **実際に試してみよう**

try/lesson4/4-9.htmlをブラウザで開いて、コードと表示結果の関連を確認して
みましょう。

## 要素を固定するときの注意点

position: fixed;やposition: sticky;を使って要素を固定すると、特定のコンテンツに注目を集めたりユーザーに強い印象を与えることができます。そのため一般的によく用いられる表現なのですが、固定する要素のサイズや固定する位置については事前にしっかり検討しておく必要があります。

というのも、「ロービジョン」などの視覚障害があるユーザーは、ブラウザ画面を拡大して利用している可能性があります。固定された要素が画面のほとんどの面積を埋め尽くしているせいで、必要な情報が表示されなくなってしまったら迷惑以外の何物でもありません（図4-28）。

目安として、**ブラウザのズーム機能で200%まで拡大した際に上記のような不具合が起こらないことを確認しておきましょう。**

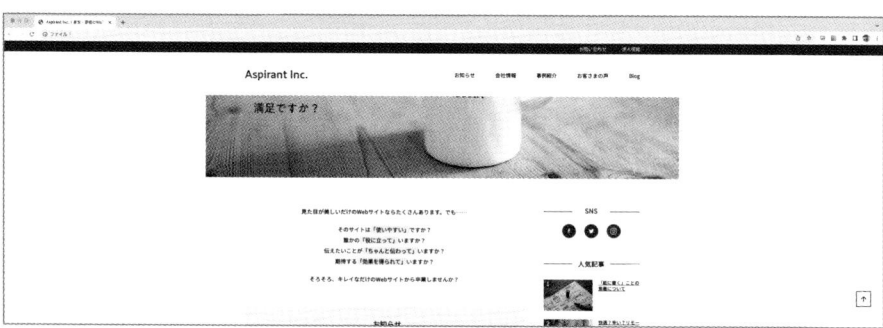

図4-28 ヘッダーを固定したところ、100%表示だと気にならないが（上）、200%表示だと画面の半分がヘッダーで覆い尽くされてしまった（下）

## 4-10 レイアウトしてみよう

try/lesson4/4-10を開き、information.htmlをブラウザで表示したときの見た目が、デザインカンプ（図4-A）と同じになるよう、style.cssを完成させましょう。

※ information.htmlには手を加えないでください。

図4-A このデザインを再現する

まずはFlexboxで配置し、カンプを再現できたらstyle.cssを最初の状態に戻して、別のレイアウト手法で配置する方法を考えて実装してみましょう。

解答例は238ページへ

# 4 2 実際にレイアウトしてみる

レイアウト手法のおさらいはここまで！ 実際にページ全体のレイアウトに取りかかる前に設計図を書いてみようか

書けました！ これでどうでしょう？

ハイ 100 点！……といいたいところだけど、この設計図どおりにはいかないんじゃないかな

ええっ、何で⁉ 完璧だと思ったのに〜

　手法を十分に理解していても、いざ実際にCSSでレイアウトしようとすると思いがけない難題にぶつかることがあります。今回作ろうとしている「Aspirant」のトップページも一見すると単純なレイアウトなのですが、実は隠れた難所が潜んでいます。まずはコレカラくんが作った設計図を見てみましょう（図4-29）。

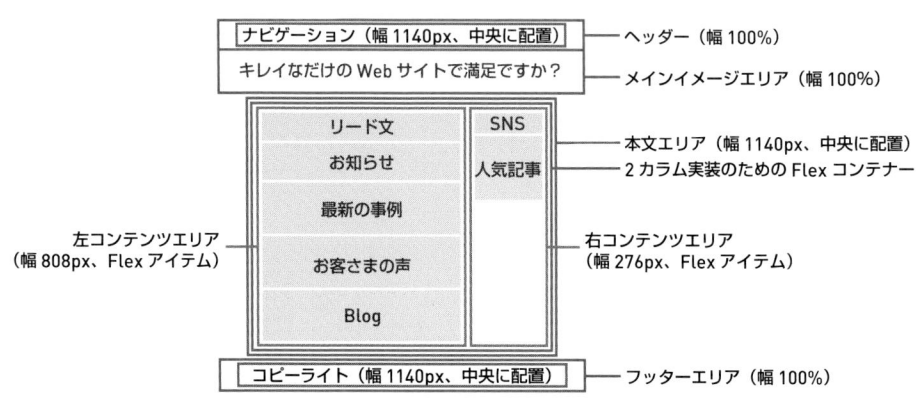

図4-29 コレカラくんが書いたレイアウト設計図

実際にレイアウトしてみる

4
2

次に、コレカラくんがマークアップしたHTMLから本文エリアのアウトラインに関係する部分だけを抜き出したコードを見てみましょう（リスト4-25）。HTMLの構造に合わせて配置し直したデザインカンプも掲載しておきます（図4-30）。

| リスト4-25 | HTML | 本文エリアを構成している要素 |
| --- | --- | --- |

```
<p> リード文 </p>
<section>
    <h2> お知らせ </h2>
</section>
<section>
    <h2> 最新の事例 </h2>
</section>
<section>
    <h2> お客さまの声 </h2>
</section>
<section>
    <h2>Blog</h2>
    <section>
        <h3> 人気記事 </h3>
    </section>
</section>
<section>
    <h2>SNS</h2>
</section>
```

アウトラインは問題なさそうだし、あとは左右にレイアウトすればいいんでしょ？　何が問題なの？

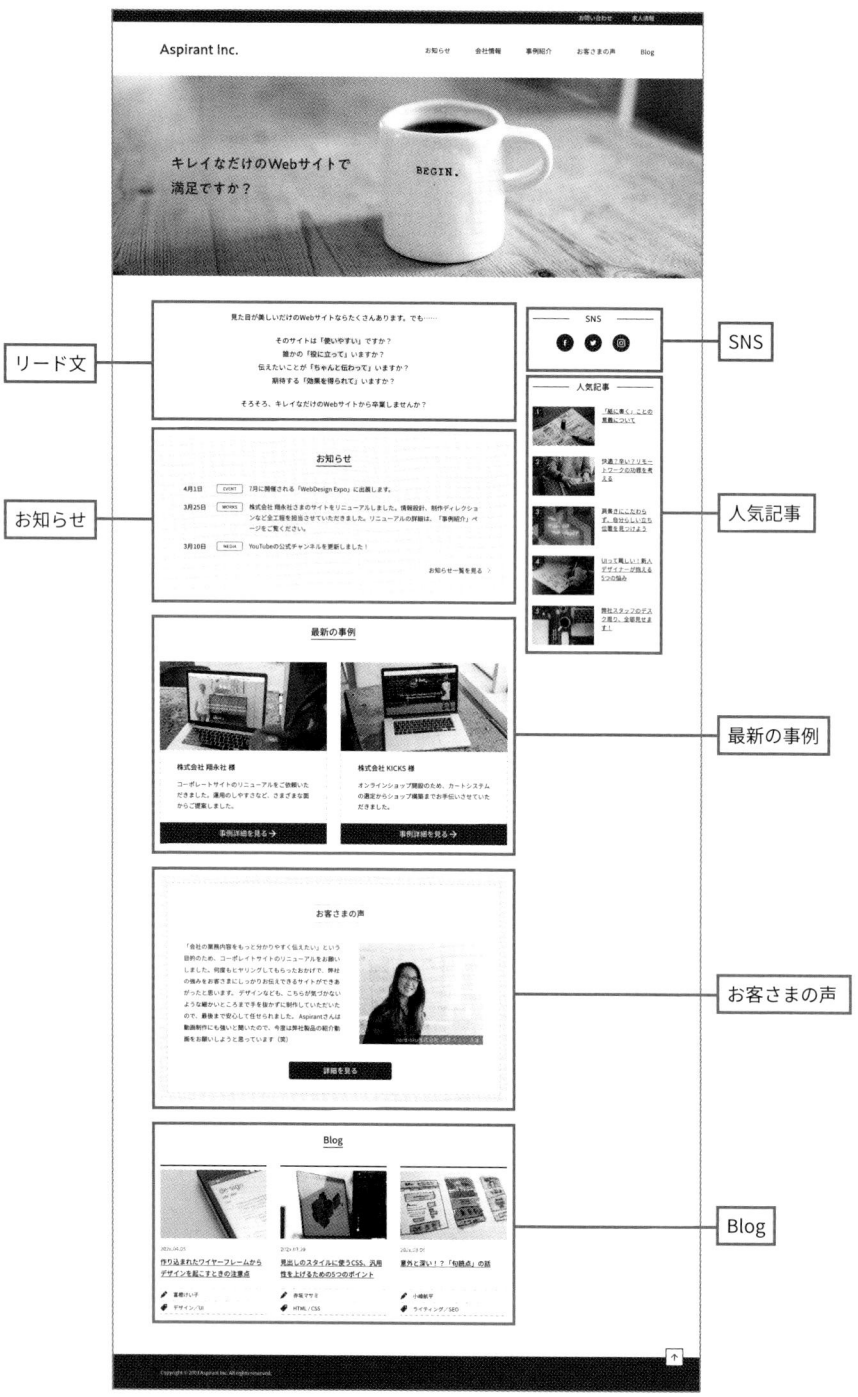

リード文

SNS

お知らせ

人気記事

最新の事例

お客さまの声

Blog

実際にレイアウトしてみる

**図4-30** HTMLに合わせてカンプを配置した

「人気記事」は「Blog」の子要素としてマークアップしてあります。このHTML構造そのものはまったく問題なし、というか大正解です。でも、このHTMLのまま「人気記事」を「Blog」から抜き出して右カラムに配置することは不可能に見えます。ふつうに考えたら、「人気記事」を右カラムに配置するには「SNS」と同じ階層に置く必要がありますよね。

このように、情報の構造と見た目のレイアウトが一致しないことはよくあります。レイアウトを実現するために泣く泣くHTMLを変更せざるを得ない場合もあるのですが、できればHTMLはそのままにしてCSSで工夫できないか考えましょう。たとえば今回のようなケースなら、「人気記事」をpositionで配置してみてはいかがでしょうか？

**サイズが不確定な要素をpositionで配置すると、閲覧環境によっては全体のレイアウトがめちゃくちゃに崩れてしまう可能性があるので推奨できない**のですが、「SNS」の見出しとアイコン画像3つだけで構成されているため、要素のサイズがそう大きく変動することはなさそうです。そこで、「人気記事」が「SNS」と重なり合わないようtopプロパティで位置調整します（図4-31）。

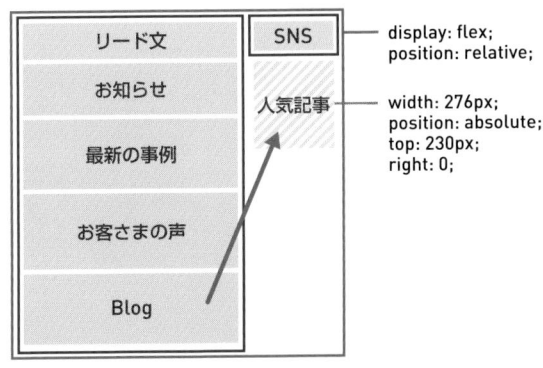

display: flex;
position: relative;

width: 276px;
position: absolute;
top: 230px;
right: 0;

図4-31 「人気記事」をposition: absolute;で配置する

少々トリッキーなやり方ではありますが、このように複数のレイアウト手法を組み合わせることでHTMLを変更することなくデザイン再現できる場合もあります。情報が正しく伝わるよう、せっかく十分に配慮しながら作ったHTMLなので、見た目のために変更するのは最終手段にしたいものですね。

「HTMLに手を加えずにレイアウトを実現するにはどうしたらいいかな？」と**パズル感覚で頭を働かせることで、新たな手法を学ぶきっかけにもなります。**

これまでの解説を反映して、HTMLとCSSをもう少し作り込むとリスト4-26、リスト4-27のようになりました。こうすれば、HTMLの構造は変更せずにカンプのレイアウトを実装できます。

| リスト4-26 | HTML | 「人気記事」のsection要素を含んだdiv要素に「maincontents」という名前を付けた |

```
<div class="container">                          Flexコンテナー
    <div class="maincontents">                        左に配置したいFlexアイテム
        <section>
            <h2> お知らせ </h2>
            ...
        </section>
        <section>
            <h2> 最新の事例 </h2>
            ...
        </section>
        <section>
            <h2> お客さまの声 </h2>
            ...
        </section>
        <section>
            <h2>Blog</h2>
            ...
            <section class="blog-ranking">        positionプロパティで配置する要素
                <h3> 人気記事 </h3>
                ...
            </section>
        </section>
    </div>
    <div class="subcontents">                      右に配置したいFlexアイテム
        <section>
            <h2>SNS</h2>
            ...
        </section>
    </div>
</div>
```

| リスト4-27 | CSS | positionプロパティを使って.blog-rankingを配置した |

```
.container {
    display: flex;
    justify-content: space-between;
    position: relative;
}
```

```
.maincontents {
    width: 808px;
}
.subcontents {
    width: 276px;
}
.blog-ranking {
    position: absolute;
    right: 0;
    top: 230px;
    width: 276px;
}
```

 | 4-11 | **実際に試してみよう**

try/lesson4/4-11.htmlをブラウザで開いて、コードと表示結果の関連を確認しましょう。

# 4 3 ナビゲーションのレイアウト

レイアウト手法を使いこなせるようになると、デザインに合わせて HTML を書き換えずに済むんですね

デザイン再現のために HTML を手直ししていると、いつの間にか情報のアウトラインがおかしくなっていたり文法エラーが出てしまいがちなので、できるだけ避けたいよね。ちなみに、ナビゲーションのレイアウトも悩みやすいポイントだよ

「Aspirant」のナビゲーションで注意したいのは、「お問い合わせ」と「求人情報」が他の項目と異なる配置になっている点です（図4-32）。「お知らせ」から「Blog」までを1つのul要素、「お問い合わせ」と「求人情報」をもう1つのul要素に分ければ簡単にデザイン実装できますが、本来はひとかたまりのナビゲーションなのですから、Lesson2の「定番パーツをマークアップする」（53ページ）で解説したように「1つのul要素」と考えるほうが自然ではないでしょうか（リスト4-28）。

| | お問い合わせ | 求人情報 |

この2項目だけ上部に配置されている

Aspirant Inc.

お知らせ　　会社情報　　事例紹介　　お客さまの声　　Blog

図4-32 デザインカンプのナビゲーション部分

リスト4-28　HTML　レイアウトにとらわれずマークアップした状態

```
<ul class="gnav">
    <li class="gnav__item gnav__item-information"><a href="information/"> お知らせ
</a></li>
    <li class="gnav__item gnav__item-about"><a href="about/"> 会社情報 </a></li>
    <li class="gnav__item gnav__item-case"><a href="case/"> 事例紹介 </a></li>
    <li class="gnav__item gnav__item-voice"><a href="voice/"> お客さまの声 </a></li>
    <li class="gnav__item gnav__item-blog"><a href="blog/">Blog</a></li>
```

```
    <li class="gnav__item gnav__item-inquiry"><a href="inquiry/"> お問い合わせ </a>⏎
</li>
    <li class="gnav__item gnav__item-recruit"><a href="recruit/"> 求人情報 </a></li>
</ul>
```

　こうしたレイアウトは、CSS Gridを使えば比較的簡単に実現できます。まずul要素全体をGrid
コンテナーにして、5列・2行のグリッドを生成します（図4-33）。Gridレイアウトは慣れが必要な
ので、まずはこのように設計図を書いて頭を整理してからCSSのコーディングに移ることをおすす
めします（リスト4-29）。

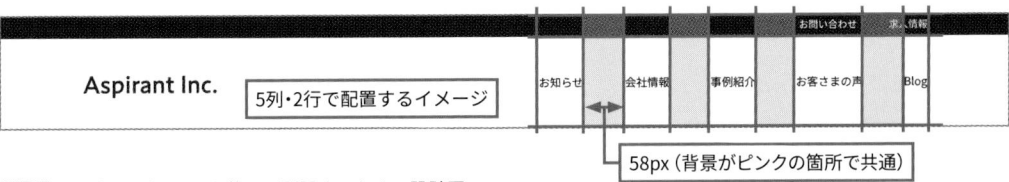

**図4-33** 5列2行のグリッドを使って配置するための設計図

| リスト4-29 | CSS | 列の幅は数値指定せず（auto）、repeat()関数で5回くり返している |

```css
.gnav {
    column-gap: 58px;
    display: grid;
    grid-template-columns: repeat(5, auto);
    grid-template-rows: 30px 120px;
}
.gnav__item-information {
    grid-column: 1;
    grid-row: 2;
}
.gnav__item-about {
    grid-column: 2;
    grid-row: 2;
}
.gnav__item-case {
    grid-column: 3;
    grid-row: 2;
}
.gnav__item-voice {
    grid-column: 4;
    grid-row: 2;
```

```
}
.gnav__item-blog {
    grid-column: 5;
    grid-row: 2;
}
.gnav__item-inquiry {
    grid-column: 4;
    grid-row: 1;
}
.gnav__item-recruit {
    grid-column:5;
    grid-row: 1;
}
```

図4-34 レンダリング結果。「お問い合わせ」と「求人情報」が1行目、その他の項目は2行目に配置できた

4-12 実際に試してみよう

try/lesson4/4-12.htmlをブラウザで開いて、コードと表示結果の関連を確認してみましょう。

さて、これでカンプを完全に再現できたように思えますが、実はまだカンプと異なる点があります。それは、1行目と2行目の列幅。現状では「お問い合わせ」と「お客さまの声」の左端が揃っていますが、カンプでは揃っていませんよね（図4-35）。また「お問い合わせ」と「求人情報」の間隔が大きく空いてしまっているのも気になります。これも1行目と2行目の列幅が連動しているのが原因です。

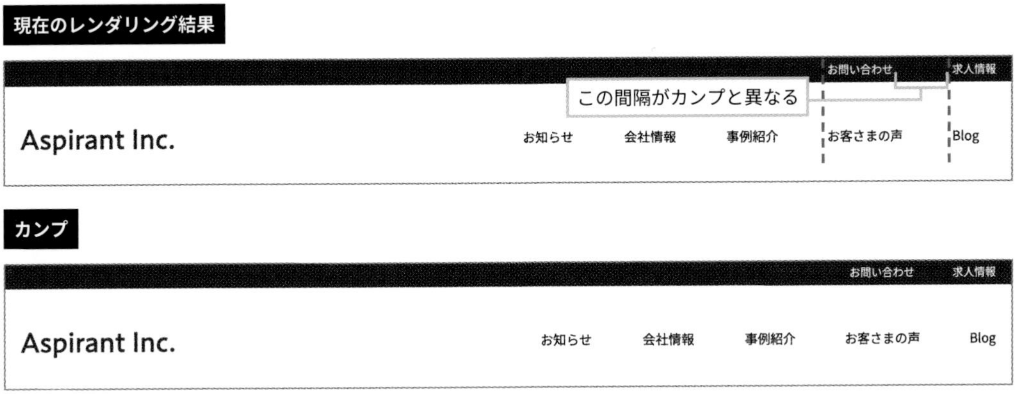

**現在のレンダリング結果**

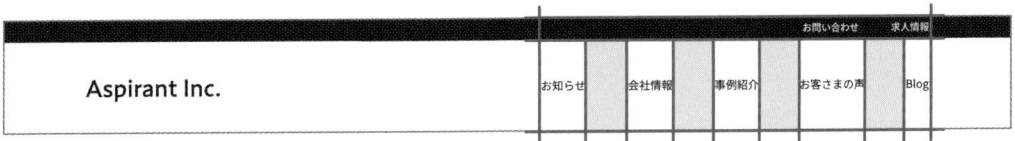

図4-35 レンダリング結果とカンプで配置が微妙に異なる

カンプと同じ見た目にするには1行目と2行目で列幅を変える必要があるのですが、「1行目の4列目と5列目だけ幅を変える」といった指定は難しいので、別の実装方法を考えてみましょう。

まずは1行目の列をすべてつなげてしまいましょう。grid-columnプロパティの値を1 / -1にすれば、1列目から最後の列まで結合できます。続けて、.gnav__item-inquiryと.gnav__item-recruitのjustify-selfプロパティの値をendにして全体を右寄せにします（図4-36）。justify-selfは、Gridコンテナーのインライン軸に沿った配置を指定するためのプロパティです。

図4-36 レンダリング結果。1行目の列をつなげて、アイテムをすべて右寄せにした

これだと「お問い合わせ」と「求人情報」が重なってしまうので、「お問い合わせ」の右側にスペースを足します。「求人情報」の4文字プラス、項目間のスペース44pxをcalc()関数で指定します（リスト4-30）。

```
.gnav__item-inquiry,
.gnav__item-recruit {
    grid-column: 1 / -1;
    grid-row: 1;
    justify-self: end;
}
.gnav__item-inquiry {
    margin-right: calc(4em + 44px);
}
```

**4-13　実際に試してみよう**

try/lesson4/4-12.htmlをリスト4-30のように変更して、表示結果の違いを確認
しましょう。

　これでカンプどおりの再現が可能になりました。工程を1つずつ追っていくと「ずいぶん複雑なコーディングが必要なのだな」と感じるかもしれませんが、慣れてしまえばHTMLを書き換えるよりずっとシンプルで手早く作業できます。

　ナビゲーション項目を縦方向に分割して配置するデザインは一般的なので、自分なりの定番のやり方を作っておくことで作業時間を短縮できます。

# 4　4　数値の単位に配慮する

先輩、文字サイズやカラムの幅を指定するときの単位がよくわからないんです

「結果的に狙いどおりの見た目になれば何でもOK」ともいえるけど、単位の使い分けが必要な場面もあるよね

使い分けのルールを知りたいです！

「ルール」といえるほど強い決まりはないけれど、それぞれの単位の特徴を理解しておけば臨機応変に使い分けられるようになるんじゃないかしら

## em

emとは、**（スタイルを指定したい要素の）親要素に適用されているフォントサイズを基準とした単位**です。説明だけ読んでもピンとこないので、実際のコードを見ながら理解を深めましょう。図4-37のようなデザインカンプを再現するにあたって、文字サイズをem単位で指定するとしたら、どんな風にコーディングすればよいでしょうか？

基本のHTMLとCSSのコードに手を加える形で実装していきます（リスト4-31、リスト4-32）。

「こういうときは、この単位」のようにプロジェクトごとのルールが設けられている場合もあるので、既存のコードをしっかりチェックして、わからないことがあれば周囲の人に確認しておきましょう

19px 相当

お客さまの声

14px 相当

「会社の業務内容をもっと分かりやすく伝えたい」という目的のため、コーポレイトサイトのリニューアルをお願いしました。何度もヒヤリングしてもらったおかげで、弊社の強みをお客さまにしっかりお伝えできるサイトができあがったと思います。デザインなども、こちらが気づかないような細かいところまで手を抜かずに制作していただいたので、最後まで安心して任せられました。Aspirantさんは動画制作にも強いと聞いたので、今度は弊社製品の紹介動画をお願いしようと思っています（笑）

nanaroku株式会社 上野 キミー さま

12px 相当

詳細を見る

16px 相当

図4-37 4種類の文字サイズが混在している

リスト4-31　　HTML　　図4-37のHTML

```
<section class="voice">
    <div class="voice__content">
        <h2 class="voice__title"> お客さまの声 </h2>
        <p class="voice__comment">「会社の業務内容をもっと分かりやすく伝えたい」という目
的のため、コーポレイトサイトのリニューアルをお願いしました。……</p>
        <dl class="voice__image">
            <dt>nanaroku 株式会社 上野キミーさま </dt>
            <dd><img src="./img/pct_voice.jpg" alt=" 写真：上野キミーさま "></dd>
        </dl>
        <div class="voice__detail"><a href="#"> 詳細を見る </a></div>
    </div>
</section>
```

リスト4-32　　CSS　　要素全体のベースとなるフォントサイズを14pxにした

```
.voice__content {
    font-size: 14px;
}
```

基本のCSSで.voice__contentのフォントサイズが14pxに設定されているので、.voice__contentの子要素たちのフォントサイズをem単位で指定するにはリスト4-33のように記述します。割り切れないものは小数点第4位以下を四捨五入しました。

リスト4-33　　CSS　　em単位によるフォントサイズ指定

```
.voice__title {
    font-size: 1.357em; ──── 19÷14=1.35714286
}
.voice__comment {
    font-size: 1em;
}
.voice__image dt {
    font-size: 0.857em; ──── 12÷14=0.85714286
}
.voice__detail {
    font-size: 1.143em; ──── 16÷14=1.14285714
}
```

em単位は親要素のフォントサイズから算出されるので、もし.voice__contentに適用されるフォントサイズが16pxに変わったら、各要素のフォントサイズもそれに合わせて全体的に大きくなります（小数点第2位以下を四捨五入）。

- .voice__title：19px ⇒ 21.7px（16×1.357）
- .voice__comment：14px ⇒ 16px（16×1）
- .voice__image dt：12px ⇒ 13.7px（16×0.857）
- .voice__detail：16px ⇒ 18.3px（16×1.143）

さて、ここで質問です。.voice__contentの親要素である.voiceにもフォントサイズが指定されていたらどうなるでしょうか？　各要素のフォントサイズは、.voiceと.voice__contentのどちらから算出されるのでしょうか？

実際に試してみるとすぐにわかることですが、各要素のフォントサイズは.voiceの影響を受けません。**直接の親である.voice__contentをベースにして算出されます**。

なお、ここではフォントサイズを指定するケースを紹介しましたが、em単位をmarginやpaddingの値に用いることもあります。特にテキストの上下のスペースを指定する際には、em単

位を利用することで「1em ＝1文字分」のように自然な空きを作ることができます。

　カンプとまったく同じスペースを空けられなかったとしても、**ユーザーに「読みやすさ」を提供する目的ならem単位を使ったほうが効果的**かもしれません。

### ▶ rem

　emによく似ていますが、**基準となるのがルート要素（html要素）に指定されたフォントサイズ**、という点が異なります。rem単位を用いた場合には.voice__contentのフォントサイズを意識する必要はありません。以下のように指定します（リスト4-34）。

リスト4-34 ｜ CSS ｜ rem単位によるフォントサイズ指定

```css
html {
    font-size: 20px; ——— ルート要素にフォントサイズが指定されている
}
.voice__title {
    font-size: 0.95rem; ——— 19÷20=0.95
}
.voice__comment {
    font-size: 0.7rem; ——— 14÷20=0.7
}
.voice__image dt {
    font-size: 0.6rem; ——— 12÷20=0.6
}
.voice__detail {
    font-size: 0.8rem; ——— 16÷20=0.8
}
```

　rem単位の特徴は、**基準が常に一定になっている**ことです。emは親要素に適用されたフォントサイズに左右されるため、実際にレンダリングしてみないと結果を予測しづらいのですが、remは表示結果を直感的に想像できます。

### ▶ px

　pxは「絶対的な単位」の代表です。emやremが文字の大きさを基準とした「相対的な単位」であるのに対し、1pxは画面を構成する最小単位ですから、すべての要素において1pxの扱いが変わることはありません。

デザインカンプの再現を最優先したコーディングでは、**要素の幅や高さを指定する際にはpx単位を使うのが一般的**です。もちろん「em や％を使ったらダメ」ということはないのですが、要素のサイズを指定する際に相対的な単位を使うとユーザーの閲覧環境の影響を受けやすいため、予想外の結果につながりがちです。そのため、特別な理由がないのであれば **width、height、margin、padding などの値は px 単位で指定するのが無難**といえます（図4-38）。

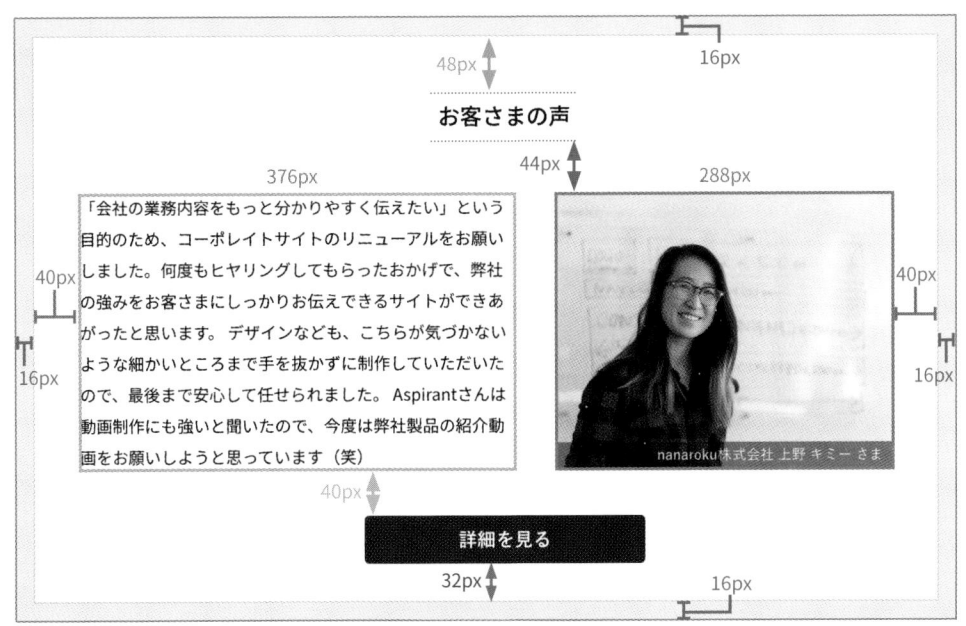

図4-38　要素の大きさや要素間のスペースは px 単位で指定するのが一般的

## ▶ vw/vh

　vw と vh は、画面の大きさを基準とした相対的な単位です。画面の幅（viewport width）または画面の高さ（viewport height）を100として数値を指定する際に用います。

　ユーザーが利用する画面は横長のもの（例：PCのモニター）と縦長のもの（例：スマートフォンのポートレートモード）が混在しており、幅と高さの比率も多岐にわたるため、画面の大きさをよりどころにレイアウトするのは難易度が高いです。**使いどころが限定された単位**といってよいでしょう。

　その気になればフォントサイズ、要素の大きさ、要素間のスペースまですべて vw や vh を使って値を指定することも可能です（リスト4-35）。そうすることで、ページ全体を画面サイズに合わせて拡大・縮小表示できるのですが、大きな画面では画像や文字がやたらと大きく表示されてユーザーに圧迫感を与えてしまったり、小さな画面では文字が小さすぎて読めないといった不具合が起こる可能性があります。

```
.voice__title {          ──────  19÷1366×100=1.390922
    font-size: 1.4vw;
}
.voice__comment {        ──────  14÷1366×100=1.02489
    font-size: 1.02vw;
}
.voice__image dt {       ──────  12÷1366×100=0.878477
    font-size: 0.9vw;
}
.voice__detail {         ──────  16÷1366×100=1.171303
    font-size: 1.17vw;
}
```

　このように安易に使うのは避けたほうが無難な単位ですが、たとえば「キービジュアルを画面いっぱいに表示させたい」という要望を叶える場合には、キービジュアルの高さをheight: 100vh;と指定することで簡単に実現できます（図4-39）。

図4-39　画面全体を写真で覆うような表現が手軽に実現できる

# Lesson 5

## パーツのデザインを作り込む

　ページ全体のレイアウトを組み終わったら、細部のレイアウトやデザインの実装に取りかかります。このときサイトの規模や運用方針などに応じて臨機応変に手法を変更できるのがワンランク上のクリエイターです。いろいろな手法を知っていれば、ケースバイケースで使い分けることができます。

# 5 1 定番のパーツをスタイリングする

ヘッダーとフッター、メインエリアとサイドエリアの配置が
終わりました！

じゃあ、次は細かいパーツの作り込みだね

勉強のためにいろんなサイトのCSSを覗いてみたんですが、
世の中には僕の知らないやり方がたくさんあるんですね。
ちょっと不安です……

あれが正解でこれが間違い、ってことはないけど、いろんな
手法を知っておくとよいと思うよ！　定番パーツの実装方法
を見ていこう

## アイコン

テキストの先頭にアイコンがあしらわれたデザインを実装するには、

①背景画像としてCSSで表示する
②疑似要素としてCSSで表示する
③img要素としてHTMLに埋め込む

など、いくつかのアプローチが考えられます（図5-1）。

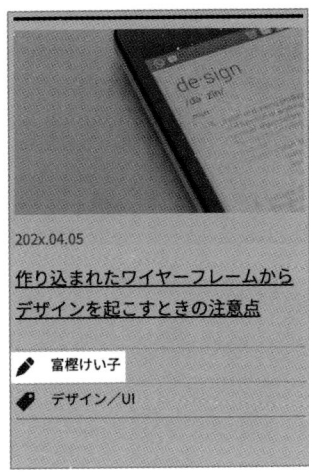

図5-1 見出しなどにも用いられるアイコン＋テキストのシンプルなデザイン

### ▶ ①背景画像としてCSSで表示する

アイコン画像をbackground-imageプロパティで表示するケースを考えてみましょう。HTMLは以下のコードを使用します（リスト5-1）。

**リスト5-1　　HTML　　アイキャッチ画像のみ、img要素として記述した**

```
<dl class="blog__item">
    <dt class="blog__title">作り込まれたワイヤーフレームからデザインを起こすときの注
意点</dt>
    <dd class="blog__image"><img src="./pct_blog1.jpg" alt=""></dd>
    <dd class="blog__date">202x.04.05</dd>
    <dd class="blog__author">富樫けい子</dd>
    <dd class="blog__tag">
        <ul>
            <li>デザイン</li>
            <li>UI</li>
        </ul>
    </dd>
</dl>
```

background-imageプロパティでアイコン画像のパス、background-sizeプロパティで画像の大きさを指定します。さらにbackground-repeatプロパティで背景画像を「くり返さない」ようにして、background-positionプロパティで該当要素の左端かつ垂直方向の中央に配置します。

このままだとテキストと背景画像が重なって表示されてしまうので、paddingプロパティでテキストの位置を調整します（図5-2、図5-3）。また、**要素の高さがアイコン画像の高さを下回ると画像が欠けて表示されてしまうため、min-heightプロパティで「最小限の高さ」を確保**しておきましょう（リスト5-2）。

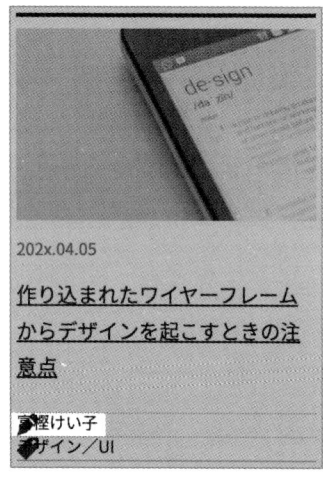

図5-2 テキストがアイコン画像と重なっている

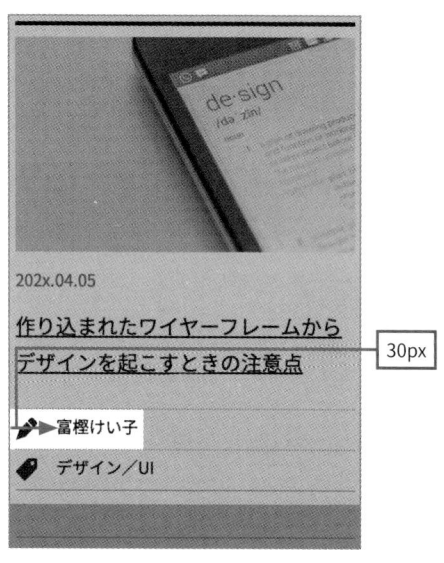

30px

図5-3 アイコン画像と重ならないよう、テキスト位置を調整した

リスト5-2　　CSS　　アイコン画像をblog__authorの背景画像として表示する

```css
.blog__author {
    background-image: url(./icn_author.png);
    background-position: 0 center;
    background-repeat: no-repeat;
    background-size: 16px 16px;
    min-height: 16px;
    padding: 6px 5px 6px 30px;
}
```

**5-1** **実際に試してみよう**

try/lesson5/icon/5-1.htmlをブラウザで開いて、コードと表示結果の関連を確認してみましょう。

## この手法のメリット

- ●「何をやっているのか」直感的にわかりやすい
- ● デザイン実装のためにHTMLを変更する必要がない

## この手法のデメリット

- ● あくまで「背景」として表示しているので、画像の欠けを防ぐために要素の高さを確保するなどの工夫が必要
- ● テキストの文字サイズが極端に大きく（小さく）なったり、文字数が増えて2行にわたった場合など、ユーザーの閲覧環境によっては見た目が崩れる可能性がある

## ▶ ②疑似要素としてCSSで表示する

続いて、::before疑似要素としてアイコン画像を表示するケースを考えてみます（リスト5-3）。HTMLはリスト5-1を使用します。

まず、アイコンとテキストを横並びに配置するため、.blog__authorをFlexコンテナーにします。垂直方向で中央揃えにするため、align-itemsプロパティも記述しておきましょう。その上で、::before疑似要素にcontentプロパティを適用してアイコン画像ファイルのパスを指定します。

前提条件として、今回使用するアイコン画像は画面に表示するサイズの2倍の大きさで作ってあります。高解像度の画面に対応するため、画像の大きさを表示サイズより大きく作成するのはよくあることですが、**contentプロパティで表示した画像にはwidth/heightプロパティが適用されないため工夫が必要です。**今回は、transformプロパティで半分（0.5倍）のサイズに変形しました（図5-4）。加えて、サイズ変更の原点をtransform-originプロパティで「左上」に設定しています。

5

パーツのデザインを作り込む

リスト5-3 | CSS | 疑似要素として表示する

```css
.blog__author {
    align-items: center;
    display: flex;
}
.blog__author::before {
    content: url(./icn_author.png);
    transform: scale(0.5);
    transform-origin: top left;
}
```

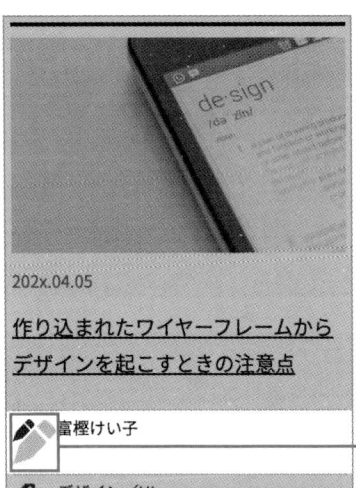

図5-4 transformプロパティで変形したところ

画像の実寸分のスペースが確保される

LET'S TRY!!!

5-2 **実際に試してみよう**

try/lesson5/icon/5-2.htmlをブラウザで開いて、コードと表示結果の関連を確認してみましょう。

transformプロパティを使うと見た目には画像が縮小されるのですが、オリジナルの画像サイズで表示するのと同じぶんの領域が確保されるため、画像の周囲に余白がついたように見えます。そこで、疑似要素の領域を指定するためwidth/heightプロパティを追記します。さらにテキストとの間隔をmargin-rightプロパティで指定します（リスト5-4）。これで、カンプと同じ見た目を再現できます。

リスト5-4　　CSS　　プロパティを追加してカンプを再現する

```css
.blog__author {
    align-items: center;
    display: flex;
}
.blog__author::before {
    content: url(./icn_author.png);
    height: 16px;
    margin-right: 14px;
    transform: scale(0.5);
    transform-origin: top left;
    width: 16px;
}
```

LET'S TRY!!!!　　5-3　実際に試してみよう

try/lesson5/icon/5-2.htmlの70行目と74行目のコメントアウトを外して、コードと表示結果の関連を確認してみましょう。

## この手法のメリット

- Flexboxでレイアウトしているので、テキストの変化（文字サイズ、文字量など）に対して柔軟に配置できる
- 画像を実寸で表示する際にはtransformやwidth/heightの指定が不要なので、シンプルなコードで実装できる

## この手法のデメリット

- CSSに慣れない人からすると難解な手法に見えるため、クライアントが運用する場合に混乱を招く可能性がある

## ③img要素としてHTMLに埋め込む

できることなら、装飾目的の画像はimg要素にしないほうがHTMLがスッキリします。ですから、「このアイコンは装飾」と考えるのなら、これまで紹介してきたとおりCSSで表示するのが無難です。

でも、たとえば以下のHTMLコードのように、2つのアイコンにそれぞれ「筆者：」「記事カテゴリー：」というalt属性値を指定したらどうでしょうか？　適切なaltがついた画像なら、むしろHTMLに含めるべき要素といえるかもしれません。

また「CMSでアイコン画像を変更したい」といったニーズがあれば、たとえ装飾目的の画像であってもimg要素にせざるを得ないでしょう。「アイコンは必ずCSS（またはHTML）で実装するもの」と決めつけるのではなく、状況によって都度判断する柔軟な姿勢が大切です。

アイコン画像をimg要素として埋め込む際には、くれぐれもaltをしっかり検討するのを忘れないでください。レイアウトの実装方法は::before疑似要素と同じ考え方でOKです（リスト5-5、リスト5-6）。

**リスト5-5　　HTML　　適切なaltがついた画像はimg要素とする**

```
<a href="#">
    <dl class="blog__item">
        <dt class="blog__title"> 作り込まれたワイヤーフレームからデザインを起こすときの注
意点 </dt>
        <dd class="blog__image"><img src="./pct_blog1.jpg" alt=""></dd>
        <dd class="blog__date">202x.04.05</dd>
        <dd class="blog__author">
            <img src="./img/icn_author.png" alt=" 筆者：">
            富樫けい子
        </dd>
        <dd class="blog__tag">
            <img src="./icn_tag.png" alt=" 記事カテゴリー：">
            <ul>
                <li> デザイン </li>
                <li>UI</li>
            </ul>
        </dd>
    </dl>
</a>
```

```css
.blog__author {
    align-items: center;
    display: flex;
}
.blog__author img {
    height: 16px;
    margin-right: 14px;
    width: 16px;
}
```

5-4　実際に試してみよう

try/lesson5/icon/5-4.html をブラウザで開いて、コードと表示結果の関連を確認してみましょう。

**この手法のメリット**
- 技術力が高くない人にも理解しやすいので、クライアントが運用する場合などに喜ばれる

**この手法のデメリット**
- 本来記述しなくてもよい要素を記述することで、アクセシビリティの低下を招く恐れがある
- 画像を変更する際に、場合によってはHTMLとCSSの両方を更新しなくてはならない

## カード型ユーザーインターフェイス

タイトル、画像、テキストなど、いくつかの情報がコンパクトにまとめられたデザインを「カード型ユーザーインターフェイス[1]」と呼びます（図5-5）。カード型は多くのサイトでひんぱんに利用される、定番UIといってもいい見せ方です。

※1　以下、ユーザーインターフェイスは「UI」と表記します。

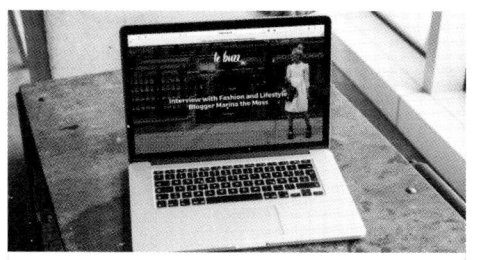

**株式会社翔永社さま**

コーポレートサイトのリニューアルをご依頼いた
だきました。運用のしやすさなど、さまざまな面
からご提案しました。

事例詳細を見る →

**株式会社KICKSさま**

オンラインショップ開設のため、カートシステム
の選定からショップ構築までお手伝いさせていた
だきました。

事例詳細を見る →

図5-5 「事例のカード」が2つ並んでいるイメージ

カード型 UI では1つのカードの中に複数の情報が盛り込まれているので、デザイン再現の前にま
ずはマークアップをしっかり検討する必要があります。サンプルを見ながら作業工程ごとにどんな
ことに気をつけたらよいか考えてみましょう。

### ①マークアップする

カードに含みたい情報は以下の4つです。

- アイキャッチ画像
- タイトル：株式会社翔永社さま
- 事例説明テキスト：コーポレートサイトのリニューアルをご依頼いただきました。運用のし
  やすさなど、さまざまな面からご提案しました。
- ボタン：事例詳細を見る

マークアップの際はひとまずデザイン再現のことを忘れて、情報がユーザーにもっとも伝わりや
すいようにしてください（リスト5-7、リスト5-8）。**場合によっては情報の順序を入れ替えてもか
まいません。見た目の順序はCSSで調整できます。**

```
<dl>
    <dt> 株式会社翔永社さま </dt>
    <dd><img></dd>
    <dd> コーポレートサイトのリニューアルをご依頼いただきました。...</dd>
    <dd><a> 事例詳細を見る </a></dd>
</dl>
```

リスト5-8　　　HTML　　　例②：見出しなどの集合体としてマークアップした

```
<h3> 株式会社翔永社さま </h3>
<p><img></p>
<p> コーポレートサイトのリニューアルをご依頼いただきました。...</p>
<p><a> 事例詳細を見る </a></p>
```

　2つの例を提示しましたが、いずれも情報の順番を入れ替えているところがポイントです。事例の「冠」としてふさわしい情報は、間違いなく「株式会社翔永社さま」というテキストなので、これを一番上に持ってくるのは自然な判断といってよいでしょう。デザインカンプで画像が最上部に配置されているからといって、必ずしもHTMLを連動させる必要はありません。

　ちなみに、もし以下のようなコードを思いついた場合は再検討が必要かもしれません。いずれもありがちなマークアップ例ですが、NG例①のようにdivタグを多用し、デザイン再現を何より優先したHTMLは「よいHTML」とはいえません（リスト5-9）。

　また、NG例②のようにul要素としてマークアップする意図はどういったものでしょうか？　必ずしもNGではありませんが、今回のケースでは「すべての情報が箇条書きの項目」と考えるのは無理があるように思います（リスト5-10）。デザイン再現に集中するあまり、HTMLがおざなりになることのないよう注意しましょう。

リスト5-9　　　HTML　　　NG例①：各情報をdiv要素と見なした

```
<div><img></div>
<div> 株式会社翔永社さま </div>
<div> コーポレートサイトのリニューアルをご依頼いただきました。...</div>
<div><a> 事例詳細を見る </a></div>
```

パーツのデザインを作り込む

5

```html
<ul>
    <li><img></li>
    <li> 株式会社翔永社さま </li>
    <li> コーポレートサイトのリニューアルをご依頼いただきました。...</li>
    <li><a> 事例詳細を見る </a></li>
</ul>
```

### ②Flexboxを使ってレイアウトする

　このカード型UIは一次元のシンプルな配置なので、Flexboxで実装するのがスマートです。HTMLコードは以下のとおりです（リスト5-11）。

リスト5-11 HTML dl要素としてマークアップした

```html
<div class="row">
    <dl class="case__item">
        <dt class="case__title"> 株式会社翔永社さま </dt>
        <dd class="case__image"><img src="./pct_case1.jpg" alt=" 画面：翔永社さま ⏎ のサ
イト "></dd>
        <dd class="case__summary"> コーポレートサイトのリニューアルをご依頼いただきまし ⏎
た。運用のしやすさなど、さまざまな面からご提案しました。</dd>
        <dd class="case__detail"><a href="#"> 事例詳細を見る </a></dd>
    </dl>
    <dl class="case__item">
    ～ 2 つめのカード～
    </dl>
</div>
```

　まず、図5-6のように2つのカードを横に並べるために、親要素.rowをFlexコンテナーにします（リスト5-12）。カードの幅を揃えるためflex: 1 1 0;（初期寸法を0にした上で、伸長係数で幅を算出する）を指定し、gapプロパティでカード間に32pxの隙間を追加します。ちなみにFlexboxにおけるgapプロパティはInternet Explorer（以下、IE）で使用できません。2022年6月16日をもってIEがサポート対象外となったので、IEをことさらに意識する必要はありませんが、案件によってはIE対応を求められる可能性もあります。その場合はmarginを使うなどしてgapを用いずに隙間を追加してください。

```css
.row {
    display: flex;
    gap: 32px;
}
.case__item {
    border: 1px solid #DEDEDE;
    border-bottom: none;
    flex: 1 1 0;
}
```

**株式会社翔永社さま**

コーポレートサイトのリニューアルをご依頼いただきました。運用のしやすさなど、さまざまな面からご提案しました。
<u>事例詳細を見る</u>

**株式会社KICKSさま**

オンラインショップ開設のため、カートシステムの選定からショップ構築までお手伝いさせていただきました。
<u>事例詳細を見る</u>

図5-6　まずは2つのカードを横に並べる

　続けて、それぞれのカードを Flex コンテナーにします（リスト5-13）。.case__item に display: flex; を適用する（Flex コンテナーにする）ことで、Flex アイテムである dt・dd 要素を order プロパティで自在に並べ替えられるようになります。Flex コンテナーの初期設定では主軸が横向き（左→右）なので flex-direction: column; で縦向き（上→下）に変更します（図5-7）。

リスト5-13　　CSS　　それぞれのカードを Flex コンテナーにする

```css
.case__item {
    border: 1px solid #DEDEDE;
    border-bottom: none;
    flex: 1 1 0;
    display: flex;
    flex-direction: column;
```

5

パーツのデザインを作り込む

```
}
.case__title {
    order: 2;
}
.case__image {
    order: 1;
}
.case__summary {
    order: 3;
}
.case__detail {
    order: 4;
}
```

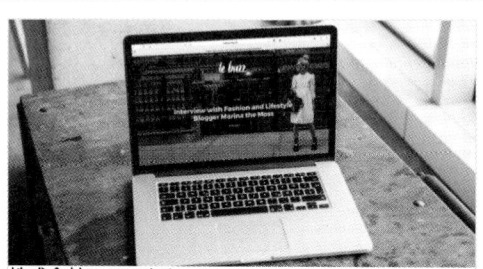

図5-7 タイトル（dt要素）とアイキャッチ画像（dd.case__image）の順序を入れ替えた

5-5 実際に試してみよう

try/chap5/card/5-5.htmlをブラウザで開いて、コードと表示結果の関連を確認しましょう。

　ここまでできれば、あとは余白周りやテキストの文字サイズなど細かい調整を追加することでカード型UIが完成します。

　続けて、運用時に起こりそうな問題を想像してみましょう。

　もし説明文のボリュームが変更されたらどうなるでしょうか。文章量がまちまちだと、図5-8の

ような表示結果になってしまいます。このように、カード型UIでは「カードっぽく」見せるために枠線や影をつけることが多いので、結果的にカードごとの高さの違いやボタン位置の違いが目立ちがちです。

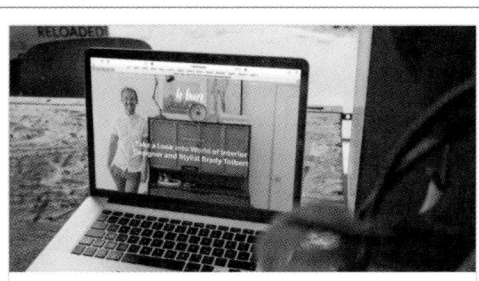  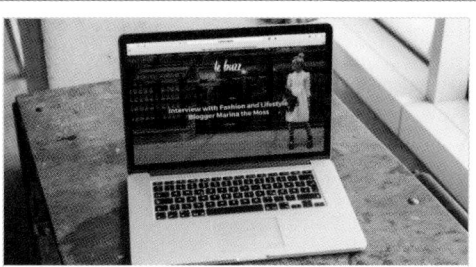

**株式会社翔永社さま**

コーポレートサイトのリニューアルをご依頼いただきました。今後は社内スタッフのみなさまで運用したいとのご希望をいただいたので、運用のしやすさなど、さまざまな面からご提案しました。

事例詳細を見る →

**株式会社KICKSさま**

オンラインショップ開設のため、カートシステムの選定からショップ構築までお手伝いさせていただきました。

事例詳細を見る →

図5-8 左右のborderが下にはみだしたり、「事例詳細を見る」のボタンの位置がずれてしまっている

この問題を解決しようとして、.case__summary の高さをheightプロパティで固定するのは悪手です（リスト5-14）。なぜなら、自分の確認環境ではきれいに表示されていたとしても、別の環境（例：文字サイズが大きく設定されている）で見たときにはテキストが収まりきらないかもしれないからです（図5-9）。

リスト5-14 　CSS 　CSSコードのNG例

```
.case__summary {
    font-size: 0.875rem;
    height: 120px;
    line-height: 1.714;
    order: 3;
    padding: 17px 40px 28px;
}
```

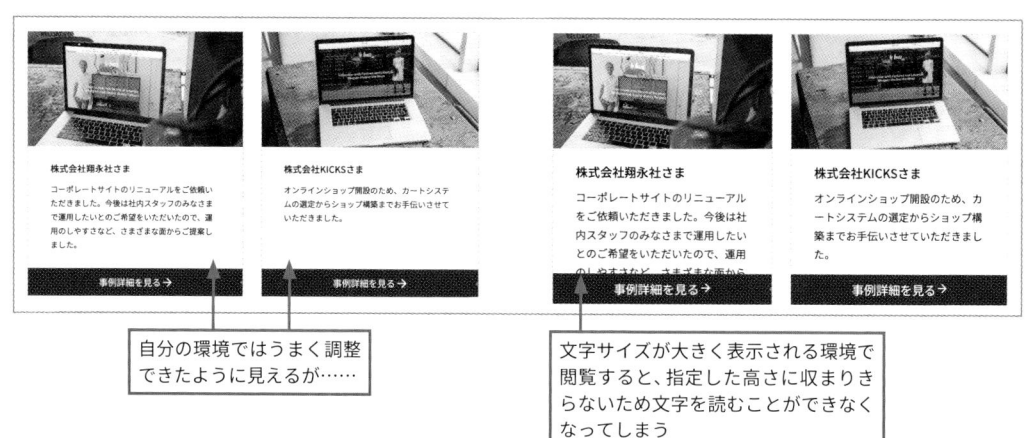

自分の環境ではうまく調整
できたように見えるが……

文字サイズが大きく表示される環境で
閲覧すると、指定した高さに収まりき
らないため文字を読むことができなく
なってしまう

図5-9 自分の環境できれいに表示できているからOKとは考えない

**テキストを含む要素に対して、pxなどの絶対的な数値を使って高さを指定するのは基本的にNG**
です。そう考えるとheightプロパティの出番はかなり少なくなるはずなのですが、実際は多くの
サイトでheightがひんぱんに使われています。height: ○○px;以外の方法で高さを確保できないか、
よく検討してください。

　同じheightプロパティでも、相対的な単位を使って値を指定すれば問題が起こりづらくなります。
たとえばemまたはrem単位を用いてはいかがでしょうか。こうした単位を使えば「○文字分」の
形で高さを指定したことになるので、ユーザーの環境で文字サイズが大きく(小さく)設定されて
いる場合にもそれなりに対応できます。

　また、わざわざheightを使わずとも、「事例詳細を見る」ボタンにmargin-top:auto;を適用すれ
ばボタンの位置を揃えることが可能です(リスト5-15、図5-10)。あまり知られていないことですが、
Flexアイテムのmargin値をautoにするとFlexコンテナーの空き領域を自動的に振り分けること
ができます。特定のFlexアイテムを他のアイテムから分離して配置したいときにはautoマージン
で配置するのもよいでしょう。

リスト5-15　　**CSS**　　margin-top:auto;を適用してボタンの位置を揃える

```css
.case__detail {
    order: 4;
    margin-top: auto;
}
```

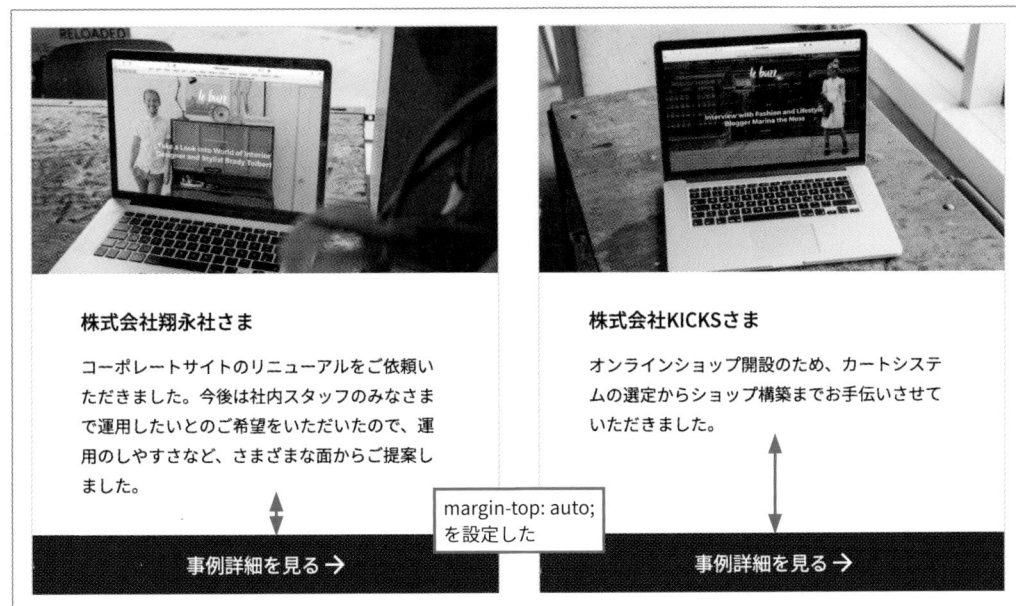

**株式会社翔永社さま**

コーポレートサイトのリニューアルをご依頼いただきました。今後は社内スタッフのみなさまで運用したいとのご希望をいただいたので、運用のしやすさなど、さまざまな面からご提案しました。

**株式会社KICKSさま**

オンラインショップ開設のため、カートシステムの選定からショップ構築までお手伝いさせていただきました。

margin-top: auto;
を設定した

事例詳細を見る →

事例詳細を見る →

図5-10 説明文のボリュームに関係なく、ボタンが下揃えになる

---

**5-6　実際に試してみよう**

try/lesson5/card/5-6.html をリスト5-15のように変更して、編集前後の表示結果の変化を確認しましょう。

---

「どうしても height プロパティで高さを固定しないとレイアウトできない」という状況もゼロではないのですが、そう多くはありません。

　画像の書き出し方やマークアップの段階で生じた小さなほころびを立て直すために height を使わざるを得なくなっているケースを見かけることがよくあります。ときには前の工程をふり返って、CSS コーディング前におかしなことをやっていないか確認してみましょう。

　最後に、カード型 UI の細かいパーツを Flexbox でレイアウトする例をご紹介します。

　「アイコン」（138ページ）で解説した手法を応用すれば、「事例詳細を見る」ボタンのボタンラベルと矢印アイコンを Flexbox でレイアウト可能です（リスト5-16）。このように、いくつかの Flex コンテナーを入れ子にすることで、大きな要素の配置だけでなく細かいデザインも Flexbox で実装可能です（図5-11）。

```
.case__detail a {
    display: flex;
    justify-content: center;
    padding: 16px 16px 16px 20px;
}
.case__detail a::after {————— 矢印アイコンは::after疑似要素で表示
    content: url(./icn_detail-arrow.png);
    height: 16px;
    padding-left: 8px;
    transform: scale(0.5);
    transform-origin: left 1px;
    width: 16px;
}
```

**株式会社翔永社さま**

コーポレートサイトのリニューアルをご依頼いただきました。運用のしやすさなど、さまざまな面からご提案しました。

事例詳細を見る →

**株式会社KICKSさま**

オンラインショップ開設のため、カートシステムの選定からショップ構築までお手伝いさせていただきました。

事例詳細を見る →

図5-11　赤・緑・青枠それぞれを Flex コンテナーにする

**5-7　実際に試してみよう**

try/lesson5/card/5-6.html をエディターで開いて、3つの Flex コンテナーと、その Flex アイテムの関係性を確認しましょう。

### ③カード全体をリンクエリアにする

カード型UIは、実在するカードのようにそれ自体を持ち運んだりひっくり返したりできる印象を与えます。そのため、ときには「カードをドラッグして移動できる」「カード全体がリンクエリアになっている」といったカード型UIならではの機能が期待されます。

たとえば、図5-12のようなデザインを見たら、下線つきの記事タイトル以外の場所もタップ（クリック）したくなりませんか？　こうしたユーザーの期待を裏切らないよう、カード全体をリンクエリアにする場合のHTMLとCSSを考えてみましょう（リスト5-17）。

図5-12 記事タイトル①だけでなく、カード全体②がリンクエリアだと期待される可能性がある

リスト5-17　　HTML　　dlでマークアップしたカード全体をaタグで囲んだ

```
<div class="blog-recent"><a href="#">
    <dl class="blog__item">
        <dt class="blog__title">作り込まれたワイヤーフレームからデザインを起こすときの注
意点</dt>
        <dd class="blog__image"><img src="./img/pct_blog1.jpg" alt=""></dd>
        <dd class="blog__date">202x.04.05</dd>
        <dd class="blog__author">富樫けい子</dd>
        <dd class="blog__tag">
            <ul>
                <li>デザイン</li>
                <li>UI</li>
            </ul>
        </dd>
    </dl>
</a></div>
```

dl要素をaタグで囲めばカード全体をリンクエリア化できますが、そうすることでdl要素内のテキストにa要素のスタイルが適用されます。デフォルトスタイルがそのまま適用されたら、カード内のすべてのテキストが青字＋下線で表示されてしまうわけです。

　カンプを再現するにはテキストの文字色を黒に統一しなくてはいけないので、まずはa要素共通のスタイルとして「下線：なし、テキスト色：黒」を指定した上で記事タイトルのみ下線を付加するためのCSSを記述します（リスト5-18、図5-13）。

**リスト5-18　CSS　記事タイトルだけ下線をつける**

```css
.blog-recent a {               リンクテキストの下線はなし、テキスト色は黒にする
    color: #000;
    text-decoration: none;
}
.blog-recent a:hover, .blog-recent a:focus {    hover/focus時にテキスト色を変化させる
    color: #621862;
}
.blog-recent .blog__title{              記事タイトルには常に下線をつける
    text-decoration: underline;
}
```

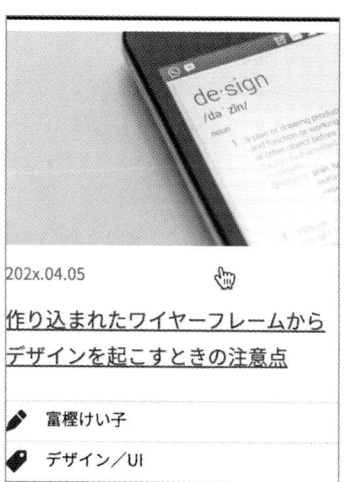

図5-13　カードがhoverまたはfocus状態になったら、記事タイトルの色が変化する

　**ユーザーが期待する挙動を想像してひと手間かける**ことで、「使いやすいサイト」と感じてもらうことができます。カンプを見て、単純に「下線テキスト部分のみリンクエリアにすればOK」と

判断するのではなく、ユーザーの期待に応えたりユーザーの利便性を向上するための方法を常に模索しましょう。

# ボタン

　ボタンはたびたび登場するパーツですが、機能や役割によってどんなタグでマークアップすべきか判断する必要があります。「ボタンなのだから、無条件に button 要素にするのが正解では？」と考える人もいますが、たとえ見た目がボタンのようでも、タップ（クリック）することで**他のページに遷移したり同一ページ内で別の場所を参照する機能を備えているのなら a 要素と見なすのが正解**です。

　逆に button 要素としてマークアップすべきなのは、

- モーダルウィンドウやアコーディオンを開くためのボタン
- ハンバーガーメニューの表示・非表示を切り替えるためのボタン
- 検索キーワードを入力後、検索結果を表示するためのボタン

などです。このような機能を持ったボタンを button 以外の（たとえば div）要素としてマークアップしてしまうとアクセシビリティを損ねる可能性があります（図5-14）。

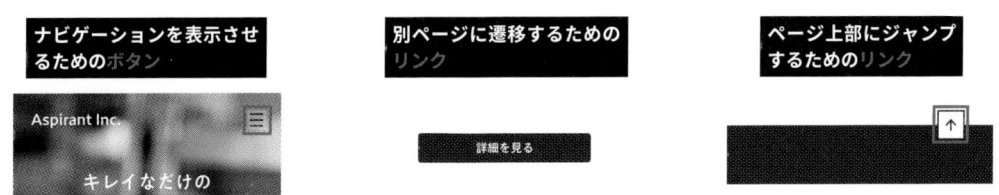

図5-14 見た目ではなく機能で判断する

　a タグでマークアップする際に aria-labelledby 属性を記述しておくと、スクリーンリーダーなどの支援技術を使っているユーザーに対して、よりわかりやすく情報を伝えることができます。ボタンラベルは「詳細を見る」といった簡潔な文言を採用することが多いので、何の詳細なのかがわかりづらい場合には aria-labelledby 属性を併記しましょう。関連付けたい要素にあらかじめ id 名を付加しておき、aria-labelledby 属性値としてその id 名を指定します（リスト5-19）。

```
<h2 id="client-voice"> お客さまの声 </h2>
...
<a id="client-voice-link" href="#" aria-labelledby="client-voice client-voice-↵
link"> 詳細を見る </a>
```

　この例では、h2要素のid名 client-voice と a要素のid名 client-voice-link を aria-labelledby属性
値として併記しました（図5-15）。こうしておくことで、スクリーンリーダーでページを利用して
いる人がリンクにフォーカスすると「お客さまの声 詳細を見る」と読み上げられるため、リンク
先の情報を的確に把握することができます。

図5-15 デベロッパーツール※2の「Accessibility」タブでも確認できる

　　※2　　デベロッパーツールの詳細はLesson7の「開発者向けツールを活用する」（219ページ）で紹介します。

　a要素と同様、button要素にも aria-*属性を記述することでユーザーの利便性を向上させること
ができます（リスト5-20）。

```html
<nav>
    <button id="hamburger-button" type="button" aria-label="メニュー" aria-
expanded="false" aria-controls="hamburger-menu">
        <span class="hamburger-button__icon"></span>
    </button>
    <ul id="hamburger-menu">
        <li><a href="information/">お知らせ</a></li>
        <li><a href="about/">会社情報</a></li>
        <li><a href="case/">事例紹介</a></li>
        <li><a href="voice/">お客さまの声</a></li>
        <li><a href="blog/">Blog</a></li>
        <li><a href="inquiry/">お問い合わせ</a></li>
        <li><a href="recruit/">求人情報</a></li>
    </ul>
</nav>
```

①aria-label属性を使うと、**要素にラベルをつけることができます**。この例では「メニュー」という文言をラベルとして設定しました。

画面に三本線のアイコンが表示されているだけだと、スクリーンリーダーで利用している人は何のことかわかりませんが、このようにマークアップしてあれば**ボタンにフォーカスした際に「メニュー」と読み上げてくれます**。

aria-label属性値を考える際には、「グローバルナビゲーション」や「ナビゲーションバー」といったラベルは避けましょう。こうした用語は、私たちクリエイターはふつうに使いますが、一般のユーザーは意味を理解できない可能性があります。

②aria-expanded属性を記述しておくと**現在の開閉状態を音で伝えることができます**。

ボタンを押してメニューが開いたらaria-expanded属性値をtrueに変更することで、スクリーンリーダーが「展開」と読み上げてくれます（リスト5-21）。メニューが閉じたらfalseに戻すことで「折りたたまれました」というように状態の変化を読み上げてくれます。属性値はJavaScriptで切り替えなくてはいけませんが、リスト5-22のようなシンプルなスクリプトで実装できます。

③aria-controls属性は、**ボタンとナビゲーションリストを関連付けるために記述しています**。

このように、属性を追加するだけでユーザーの利便性をぐっとレベルアップできるので、積極的に取り入れたいですね（図5-16）。

```html
<button id="hamburger-button" type="button" aria-label="メニュー" aria-
expanded="false" aria-controls="hamburger-menu" onclick="toggleAriaExpanded();">
    <span class="hamburger-button__icon"></span>
</button>
```

ボタンがタップ（クリック）されたらtoggleAriaExpandedというJavaScript関数を呼び出す

```javascript
'use strict';
function toggleAriaExpanded() {
    const button = document.getElementById('hamburger-button');
    if(button.getAttribute('aria-expanded') === 'false') {
        button.setAttribute('aria-expanded', 'true');
    }
    else if(button.getAttribute('aria-expanded') === 'true') {
        button.setAttribute('aria-expanded', 'false');
    }
}
```

aria-expanded属性値がfalseならtrueに変更

aria-expanded属性値がtrueならfalseに変更

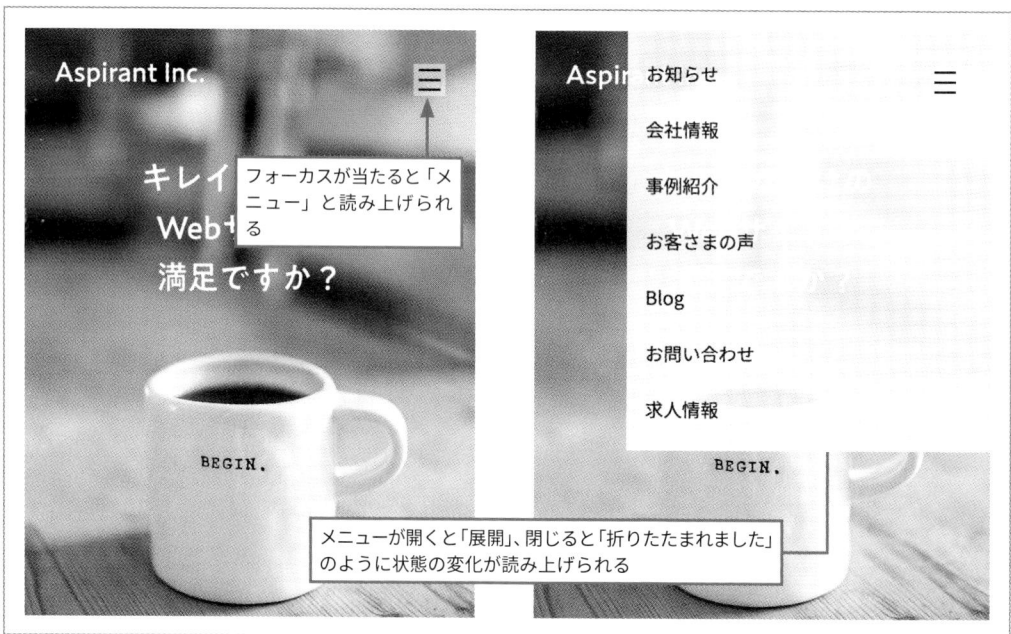

フォーカスが当たると「メニュー」と読み上げられる

メニューが開くと「展開」、閉じると「折りたたまれました」のように状態の変化が読み上げられる

図5-16　aria-*属性を記述すると、ハンバーガーメニューのアクセシビリティを向上できる

5
1

定番のパーツをスタイリングする

### ▶ リンクエリアの大きさ

　リンクテキストをボタンのようなデザインで見せる際には、リンクエリアに注意しましょう。テキストを単にaタグで囲むだけでは、リンクエリアがテキストの上に限られてしまいます。見た目がボタンである以上、ユーザーは「テキスト以外の場所もタップ（クリック）できるだろう」と期待します（図5-17）。その期待に応えるために、ひと工夫しましょう。

**図5-17** テキストの上だけでなく、ボタン全体をリンクエリアにしたい

　a要素は、デフォルトの状態の場合、display: inlineが適用されたのと同じ見た目で表示されます。このままだと、親要素 .voice__detail に指定したpadding-top: 32px; などが想定どおりに反映されないため（図5-18）、displayプロパティの値を変更します。値をblockにすると、図5-19のようにボタンの幅が親要素の幅いっぱいに広がってしまうので、この場合はinline-blockがよいでしょう（リスト5-23、リスト5-24）。

5

パーツのデザインを作り込む

161

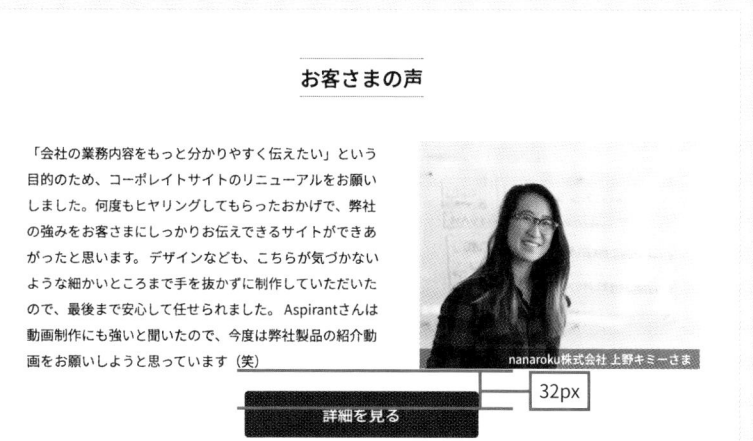

図5-18 inlineだと、ボタンの上ではなくテキストの上にpadding-top: 32px;が反映される

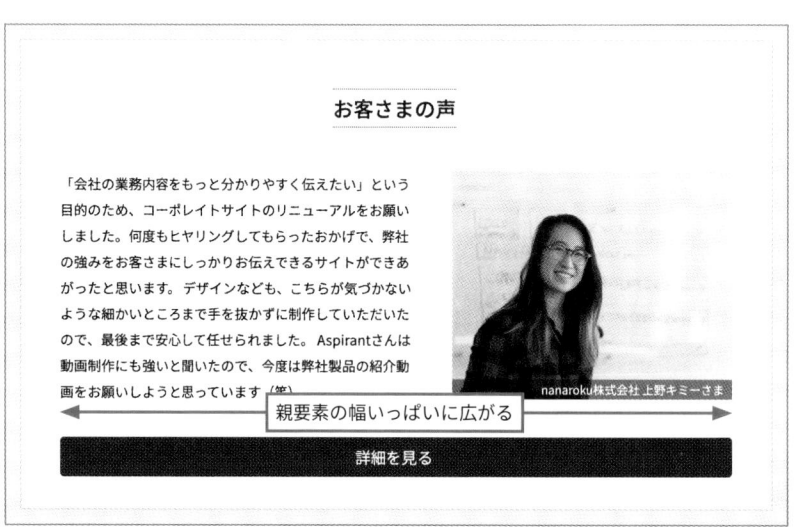

図5-19 blockだと、ボタンの幅が広がってしまう

リスト5-23　HTML　「詳細を見る」ボタンのHTML

```
<div class="voice__detail"><a href="#">詳細を見る</a></div>
```

リスト5-24　CSS　inline-blockでボタンの幅が親要素の幅いっぱいに広がらないようにする

```
.voice__detail {
    padding-top: 32px;
    text-align: center;
}
.voice__detail a {
    background-color: #480C48;
    border-radius: 4px;
    color: #fff;
    display: inline-block;  ――― 今回のカンプを再現するにはinline-blockが適当
    padding: 12px 80px;
    text-decoration: none;
}
```

# 5 2 テキストのスタイリング

> テキスト周りって、意外とめんどくさいなあ

> どうしたの？

> フォントの種類とか行間とか、指定しなきゃいけないスタイルが地味にいろいろあるんだなあと思って……

> あはは、たしかに。でも多くの Web サイトにとって、テキストを読んでもらえるかどうかが勝負の分かれ目。一つ一つ丁寧に作業していこう！

## フォントの種類

　ユーザーが利用しているPCやスマートフォンなどに組み込まれているフォントを「デバイスフォント」と呼びます。かつては、たとえPC同士でもWindowsとMacとではまったく異なるフォントが組み込まれていました。しかし、Windowsは8.1、MacはOS X Mavericksから、両者に「游ゴシック体」と「游明朝体」が追加されたため、WindowsとMacで共通のフォントを利用できるようになりました。こうした背景から「游ゴシック体」を用いたWebサイトが多く存在しますが、それでも「完全に同じ見た目」を再現するのは難しいものと考えてください（図5-20）。

あのイーハトーヴォのすきとおった風、夏でも底に冷たさをもつ青いそら、うつくしい森で飾られたモーリオ市、郊外のぎらぎらひかる草の波。またそのなかでいっしょになったたくさんのひとたち、ファゼーロとロザーロ、羊飼のミーロや、顔の赤いこどもたち、地主のテーモ、山猫博士のボーガント・テストゥパーゴなど、いまこの暗い巨きな石の建物のなかで考えていると、みんなむかし風のなつかしい青い幻燈のように思われます。

**Windows 11**

あのイーハトーヴォのすきとおった風、夏でも底に冷たさをもつ青いそら、うつくしい森で飾られたモーリオ市、郊外のぎらぎらひかる草の波。またそのなかでいっしょになったたくさんのひとたち、ファゼーロとロザーロ、羊飼のミーロや、顔の赤いこどもたち、地主のテーモ、山猫博士のボーガント・テストゥパーゴなど、いまこの暗い巨きな石の建物のなかで考えていると、みんなむかし風のなつかしい青い幻燈のように思われます。

**macOS Monterey**

図5-20 同じ「游ゴシック」でも、文字の太さ（ウエイト）や字間など、少々の差異がある

　Webフォントを利用すれば、デバイスフォントよりはるかにデザイナーの意図に近いテキストを表現できます。ただ、Webフォントを表示するにはフォントデータをサーバーからダウンロードしなくてはいけないので、ユーザーの負担になる可能性があります。携帯キャリアとの契約でデータ量を制限されているユーザーからは「余計なことをしないで！」といわれてしまうかもしれません。Webフォントが本当に必要なのか事前にしっかり吟味し、もし導入するならフォントをサブセット化[3]するといった工夫も視野に入れて検討しましょう。

　　※3　使いたい文字（字形）だけ抜き出したフォントを表示させる技術のことです。すべての字形を含んだフォントデータより、ファイルサイズを小さくすることが可能です。

## 文字サイズ

　文字の大きさはユーザーの好みに委ねるのが理想です。小さい文字を「読みづらい」と感じているユーザーに対して、「このほうが美しいから」といった理由で**フォントサイズの変更を許さないのはデザイナーのエゴではないでしょうか**。ユーザーの都合で自由にフォントサイズを変更できるのはもちろん、閲覧環境の違いによって文字サイズや文字量が変わったとしても大きくレイアウトが崩れることがないよう、柔軟性の高いCSSを提供しましょう。また、「200%まで問題なく拡大できるかどうか」も必ず確認してください（図5-21）。

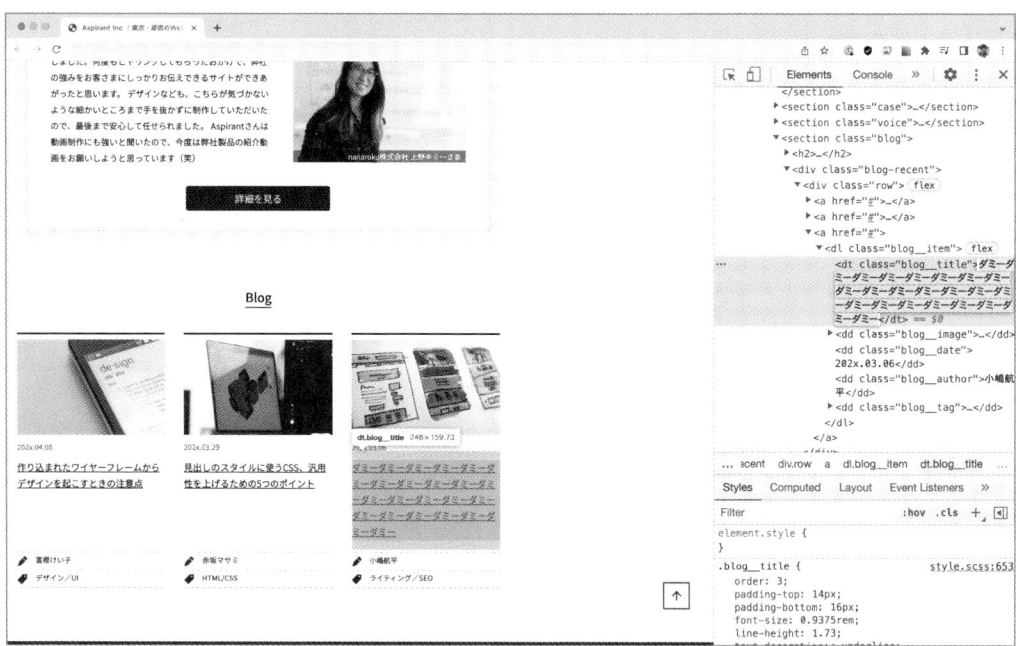

図5-21 開発者向けツールを使えば、文字量が極端に増減した状態を手軽に確認できる

## 改行位置

　改行位置をbr要素で制御するのは考えものです（リスト5-25）。ご存じのとおり、brは **「レイアウトのためのタグ」ではありません**。文脈と関係ない位置で強制改行すると、他の閲覧環境で見たときに思いがけない表示結果になってしまう可能性があります（図5-22）。Webはそもそもユーザーの希望に応じて形を変えられるメディアであるべきです。特にテキストに関しては、必ずしも思いどおりの見た目を提供できないものと考えましょう。

**リスト5-25**　　**HTML**　　レイアウト目的の br タグが記述された HTML コード

```
<p>
コーポレートサイトのリニューアルをご依頼いただき <br>
ました。今後は社内スタッフのみなさまで運用したい <br>
とのご希望をいただいたので、運用のしやすさなど、<br>
さまざまな面からご提案しました。
</p>
```

テキストのスタイリング

| 広い画面 | コーポレートサイトのリニューアルをご依頼いただきました。今後は社内スタッフのみなさまで運用したいとのご希望をいただいたので、運用のしやすさなど、さまざまな面からご提案しました。 |

| 狭い画面 | コーポレートサイトのリニューアルをご依頼いただきました。今後は社内スタッフのみなさまで運用したいとのご希望をいただいたので、運用のしやすさなど、さまざまな面からご提案しました。 |

図5-22 広い画面では想定どおりの表示結果を得られるが、狭い画面ではおかしな位置で改行されてしまう

## ▌読みやすい文章レイアウトを作るには？

Webサイトを使っているのは、スクリーンで文字を読む行為に慣れている人ばかりではありません。**ほどよい行間、バランスよく空けられたスペース、適度にメリハリのついた文字サイズ**で表示されたテキストを提供して、できるだけ多くのユーザーに「読みやすい」と感じてもらいたいものです。

### ▶ 行間

line-heightプロパティで1行の高さを適切に指定することで、行間をほどよく空けられます。デフォルトの状態だと、デバイスやOS、ブラウザによって、行間の設定が異なります。自分の環境では問題がなかったとしても、他の環境では行間が詰まって読みづらい可能性があるので、基本的には指定するものと考えておきましょう（リスト5-26、リスト5-27）。

line-heightの値は1.5から1.8くらいの間で指定することが多いです。数値を大きくしすぎると間の抜けた印象を与えてしまうので、サイトの雰囲気や文体に合った値を指定しましょう。line-heightの値を単位なしで指定した場合は「その要素の文字サイズに対する倍率」として処理されますが、単位ありで指定した場合は、他の要素に指定された文字サイズの影響を受けて思うような表示結果にならないことがあります（図5-23）。**特別な理由がなければ、単位なしで指定しておくほうが安心**です。

```
<div class="number">
    <p> オンラインショップ開設のため、カートシステムの選定からショップ構築までお手伝いさせてい↵
ただきました </p>
</div>
<div class="em">
    <p> オンラインショップ開設のため、カートシステムの選定からショップ構築までお手伝いさせてい↵
ただきました </p>
</div>
<div class="percentage">
    <p> オンラインショップ開設のため、カートシステムの選定からショップ構築までお手伝いさせてい↵
ただきました </p>
</div>
```

```
div{
    font-size: 10px;
}
p {
    font-size: 20px;
}
.number {
    line-height: 1.5;
}
.em {
    line-height: 1.5em;
}
.percentage {
    line-height: 150%;
}
```

p要素に指定された文字サイズ：20px × 1.5 = 30px

親要素divに指定された文字サイズ：10px × 1.5 = 15px

親要素divに指定された文字サイズ：10px × 150% = 15px

テキストのスタイリング

168

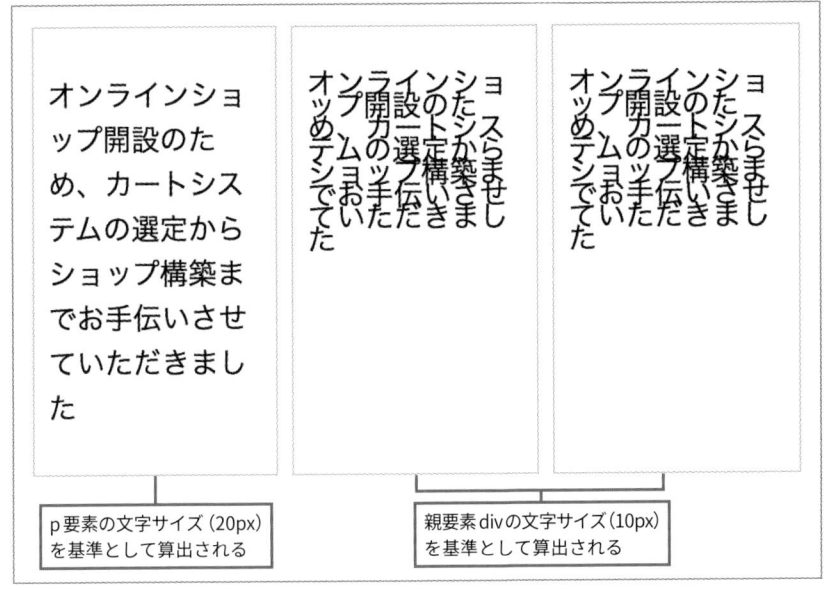

オンラインショップ開設のため、カートシステムの選定からショップ構築までお手伝いさせていただきました

| p要素の文字サイズ（20px）を基準として算出される |

オンラインショップ開設のため、カートシステムの選定からショップ構築までお手伝いさせていただきました

オンラインショップ開設のため、カートシステムの選定からショップ構築までお手伝いさせていただきました

| 親要素divの文字サイズ（10px）を基準として算出される |

**図5-23** 単位つきで指定すると、文字が重なって表示されてしまうことがある

### ▶ 段落間の余白

　段落の前後に1行程度の余白を空けるとテキストが読みやすくなります。余白を空けるためのプロパティはmarginでもpaddingでもかまいませんが、emやremなど文字サイズを基準とした単位を使って値を指定することをおすすめします。pxだと、ユーザーが文字サイズを変更した際に「余白と文字サイズ」のバランスが崩れてしまう可能性があるからです（図5-24、図5-25）。

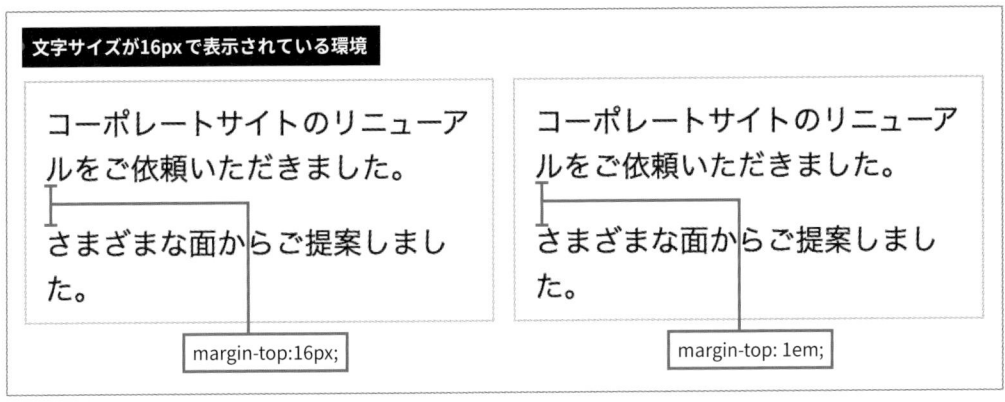

**文字サイズが16pxで表示されている環境**

コーポレートサイトのリニューアルをご依頼いただきました。

さまざまな面からご提案しました。

| margin-top:16px; |

コーポレートサイトのリニューアルをご依頼いただきました。

さまざまな面からご提案しました。

| margin-top: 1em; |

**図5-24** ユーザーがWebブラウザを初期設定のまま使っていたら、margin-topの表示結果は同じだが……

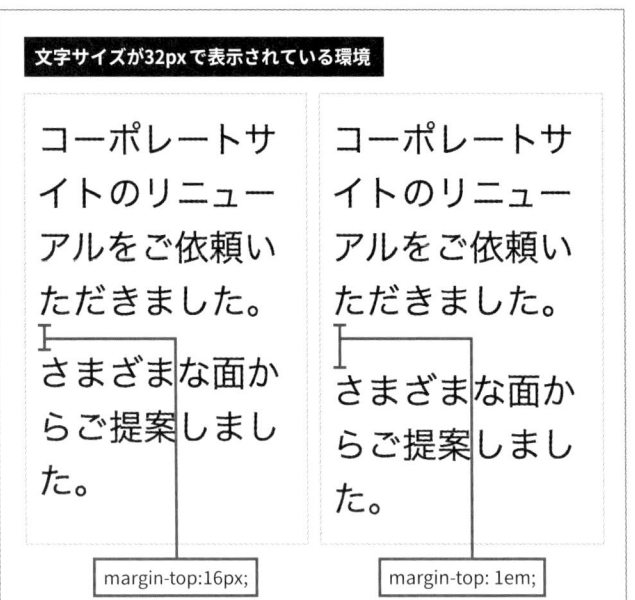

文字サイズが32pxで表示されている環境

コーポレートサイトのリニューアルをご依頼いただきました。さまざまな面からご提案しました。

margin-top:16px;

コーポレートサイトのリニューアルをご依頼いただきました。さまざまな面からご提案しました。

margin-top: 1em;

図5-25 ユーザーが文字サイズを拡大していたら、px単位で指定した余白は相対的に詰まって見える

### ▶ 文字サイズのバリエーション

　PC用のWebブラウザにおいて、**基準となる文字サイズは16px相当**です。この基準サイズに対して、大見出し、中見出し、注意書きなど、情報の種類によって文字サイズのバリエーションが展開されるのですが、一般的なWebサイトでは文字サイズのバリエーションの数はそう多くありません。せいぜい3から4パターンに収まることがほとんどです（リスト5-28、リスト5-29）。

　カンプを見るときに、**文字サイズのバリエーションがどのくらいあるのか、どの箇所の文字サイズが共通しているのか**あらかじめチェックしておきましょう。そうすることで、スタイル指定の重複を避けたり、効率的なセレクタを検討するヒントになります。

```css
h2 {
    font-size: 1.25rem
}
h3 {
    font-size: 1.125rem;
}
small {
    font-size: 0.75rem;
}
```

```css
.txt-xlarge {
    font-size: 1.25rem
}
.txt-large {
    font-size: 1.125rem;
}
.txt-small {
    font-size: 0.75rem;
}
```

私は、文字サイズを指定するときには直近の親要素の影響を受けない rem 単位が気に入ってます。段落の左右方向の余白を指定するときには、あえて px 単位を使うことも。どんな環境でも「読みやすい」と感じてもらえるように、気を配りたいですね

**5-8** レイアウトしてみよう

try/lesson5/5-8/index.html をブラウザで表示したときにデザインカンプ（図5-A、図5-B）と同じような見た目になるよう、style.css を完成させよう。

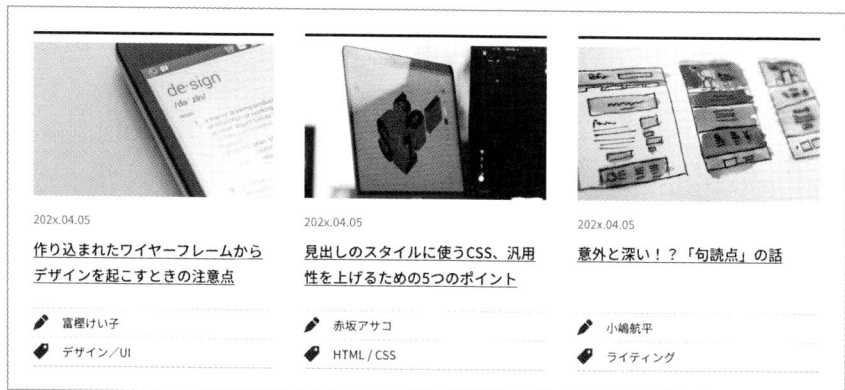

図5-A このデザインを再現する

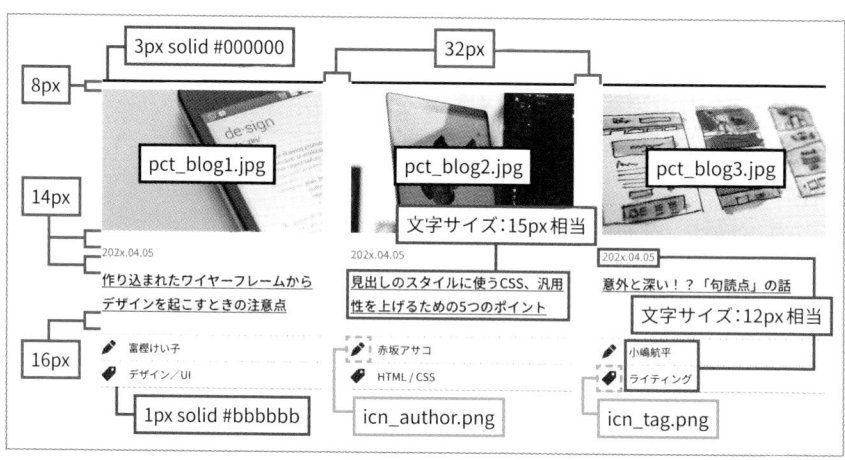

図5-B デザイン指示書

解答例は240ページへ

# Lesson 6

## レスポンシブ対応する

いまやWebサイト制作において必須ともいえるレスポン
シブ対応。おおまかな流れや手法は知っていても、いざ自分
で実装しようとすると細かい点でつまずくことがあるのでは
ないでしょうか。ブレイクポイントの決め方や、テキストの
改行位置を変更する方法など、実践に必要なポイントを押さ
えておきましょう。

# 6 1 レスポンシブ対応とは

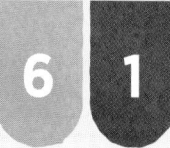

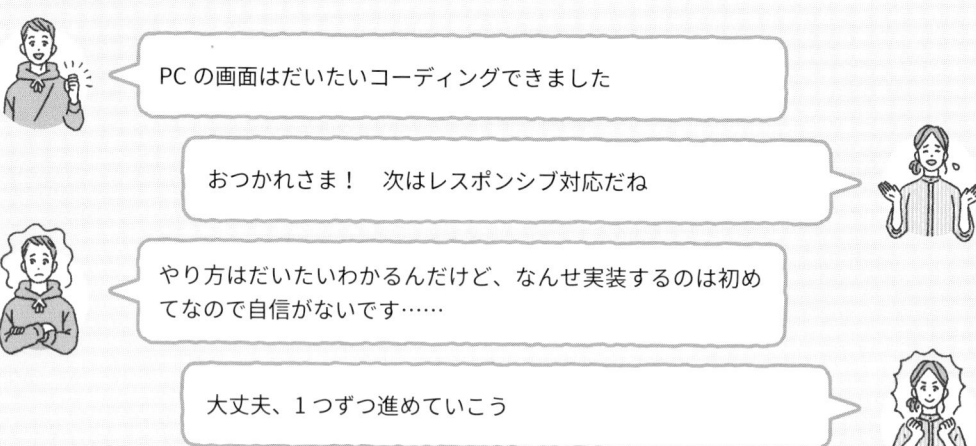

PC の画面はだいたいコーディングできました

おつかれさま！　次はレスポンシブ対応だね

やり方はだいたいわかるんだけど、なんせ実装するのは初めてなので自信がないです……

大丈夫、1つずつ進めていこう

　Webサイト制作において「レスポンシブ対応」といった場合には、画面の大きさ（ビューポート）に応じてCSSを切り替えることで、1つのHTMLをさまざまなデバイスに適した状態で表示するための作業を指します。いわゆる「レスポンシブウェブデザイン」ですね。

　では、たとえHTMLファイルの数が1つだとしても、その中に「PC用のコード」と「スマートフォン用のコード」の2種類が記述されていたらどうでしょうか？　CSSでdisplayプロパティの値を変更すれば要素の表示と非表示を切り替えられるので、ビューポート幅に応じて「スマートフォン用に準備した要素」と「PC用に準備した要素」を出し分けることは可能です。しかし、これは「スマートフォン用のページ」と「PC用のページ」を別個に用意しているようなものです。メンテナンス性が低下することなどを考えると、多用するのはおすすめできません。

　ここまで極端でないにせよ、その場しのぎや、本質からずれた手法で実装していると、遅かれ早かれほころびが生まれてしまいます。

　レスポンシブ対応するにあたってついやってしまいがちなコードの重複や、トリッキーな手法を避けるにはどうしたらよいのか見ていきましょう。

# 6 2 異なる画像を表示する

カンプをよく見ると、PCとスマートフォン（SP）で別々の画像を表示する想定になってる箇所があるみたいです

すべてのデバイス共通でOKな画像もあれば、デバイスごとに異なる画像を見せたいケースもあるよね

できるだけスマートにやりたいなあ

いい視点だね！　スマートにやっちゃおう

「PCではあの画像、スマートフォンではこの画像」のように、デバイスによって異なる画像を表示しなくてはいけない場面は多々あります。まったく異なる画像を表示するのか、単に画像サイズを変更するのか、そもそもimg要素として埋め込みたいのか、CSSで表示させたいのか……ケースバイケースで最適な手法を選び取りましょう。

## picture要素で切り替える

情報価値の高い画像はimg要素としてHTMLに記述するのが原則です。しかし、下のようなコードで実装するのはスマートとはいえません（リスト6-1、リスト6-2）。

リスト6-1　HTML　NG例：2つのimg要素を列記している

```
<img src="pc.png" alt="デバイスのイメージ" class="img-pc">    PC用の画像
<img src="sp.png" alt="デバイスのイメージ" class="img-sp">    SP用の画像
```

```
.img-pc {
    display: none;          初期状態ではPC用の画像を非表示
}
.img-sp {
    display: block;         初期状態ではSP用の画像を表示
}
@media (min-width:768px) {
    .img-pc {
        display: block;     ビューポート幅が768px以上になったらPC用の画像を表示
    }
    .img-sp {
        display: none;      ビューポート幅が768px以上になったらSP用の画像を非表示
    }
}
```

　こんなときにはpicture要素を使いましょう（リスト6-3）。基本の画像はimg要素で指定し、条件に応じて切り替えたい画像をsource要素で指定します。media属性で切り替え条件を指定しましょう。

　picture要素で画像を切り替えればCSSは不要です。HTMLに埋め込む画像の切り替え方法としては、もっともスマートなやり方といえます（図6-1、図6-2）。

リスト6-3　HTML　2つの画像をpicture要素の子要素として記述している

```
<picture>
    <source srcset="pc.png" media="(min-width: 768px)"><source>   PC用の画像
    <img src="sp.png" alt=" デバイスのイメージ ">                   SP用の画像
</picture>
```

異なる画像を表示する

6

2

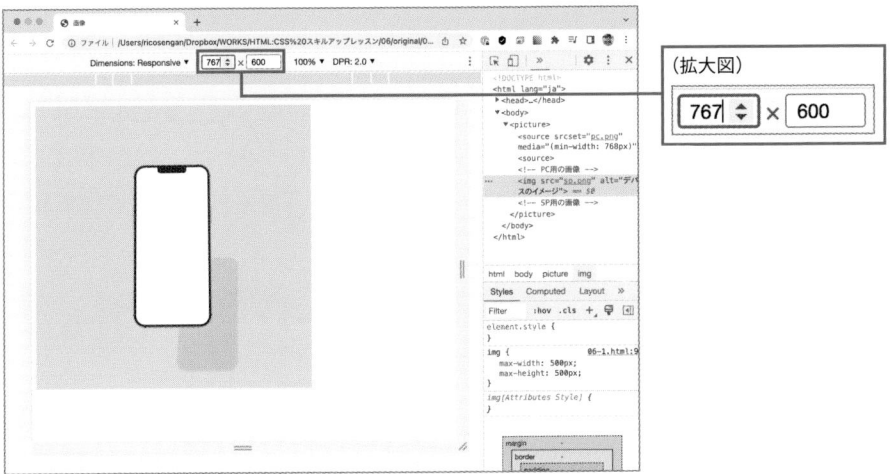

**図6-1** ビューポート幅が768px未満だと SP 用の画像が表示される

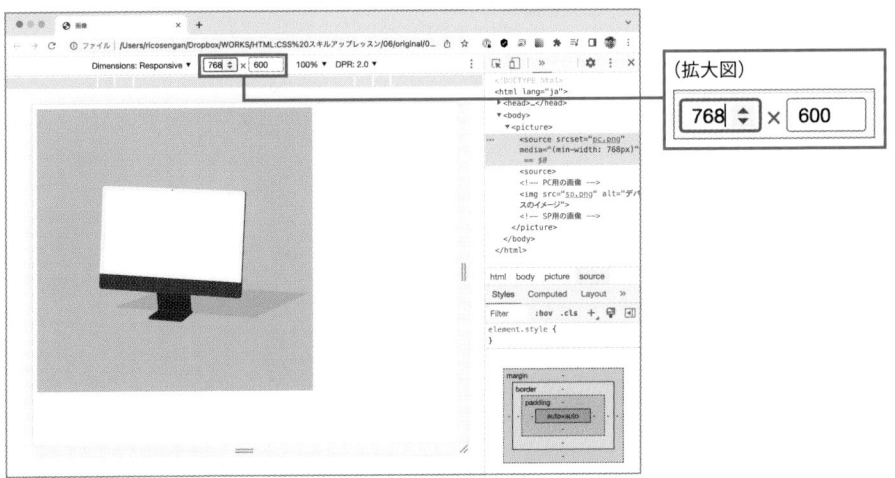

**図6-2** ビューポート幅が768px以上だと PC 用の画像が表示される

**6-1** 実際に試してみよう

try/lesson6/6-1/index.html をブラウザで開いて、コードと表示結果の関連を確認してみましょう。

6

レスポンシブ対応する

## background-image プロパティで切り替える

装飾目的の画像を背景画像として実装していれば、ビューポート幅ごとに表示する画像を差し替えるだけでなく、画像の大きさや「どの部分を見せるか」といった細かいポイントまで調整することができます（リスト6-4、リスト6-5）。場合によっては背景画像の適用先を変更することも可能なので、レスポンシブ対応に向いた手法といえるかもしれません。

リスト6-4　　HTML　　見出し画像はimg要素として表示する

```
<div class="catchcopy">
        <h1><img src="./copy_sp.png" alt=" キレイなだけの Web サイトで満足ですか？ "></h1>
</div>
```

リスト6-5　　CSS　　background-image で細かいポイントを調整する

```
.catchcopy {
    background-image: url(./mv_sp.jpg);  ──── .catchcopy の背景に mv_sp.jpg を表示
    background-repeat: no-repeat;
    background-position: center center;
    background-size: cover;
    height: 500px;
    margin: auto;
    max-width: 768px;
    position: relative;
}
```

異なる画像を表示する

### ▶ background-size

background-sizeプロパティの値を変更することで、優先的に表示したい場所を指定できます。レスポンシブ対応でよく使われる値はcontainまたはcoverです。

containは画像を切り取ったり縦横比を崩したりすることなく、表示エリア内でできるだけ大きく表示しようとします（図6-3）。一方coverを指定した場合には、表示エリアいっぱいに画像を拡大縮小し、必要に応じて上下または左右が切り取られます（図6-4）。

図6-3 background-size:contain;を適用した場合　　図6-4 background-size:cover;を適用した場合

### ▶ background-position

background-positionプロパティの値を変更することで、優先的に表示したい場所を指定できます（図6-5〜図6-7）。background-sizeの値をcoverにしたときは特に、background-positionもしっかり指定しておきましょう。ユーザーの閲覧環境は多岐にわたるため、常に最適な見た目を再現するのは難しいのですが、できるだけよい状態で画像を見せられるよう工夫してください。

見た目が美しいだけのWebサイトならたくさんあります。でも……

そのサイトは「使いやすい」ですか？

> background-position が未指定だと画像の左上が優先的に表示されるため、この画像の主役であるマグカップが表示されない

お知らせ

4月1日　EVENT　7月に開催される「WebDesign Expo」に出展します。

3月25日　WORKS　株式会社 翔永社さまのサイトをリニューアルしました。情報設計、制作ディレ

図6-5 background-position を指定しなかった場合

見た目が美しいだけのWebサイトならたくさんあります。でも……

そのサイトは「使いやすい」ですか？

> 水平方向のセンター、垂直方向の下端を優先的に表示するためマグカップは表示されるが白文字のキャッチコピーと重なって読みにくい

お知らせ

4月1日　EVENT　7月に開催される「WebDesign Expo」に出展します。

3月25日　WORKS　株式会社 翔永社さまのサイトをリニューアルしました。情報設計、制作ディレ

図6-6 background-position: center bottom; を指定した場合

見た目が美しいだけのWebサイトならたくさんあります。でも……

そのサイトは「使いやすい」ですか？

誰かの「役に立って」いますか？

> マグカップとキャッチコピーのどちらも表示されている

そろそろ、キレイなだけのWebサイトから卒業しませんか？

お知らせ

4月1日　EVENT　7月に開催される「WebDesign Expo」に出展します。

3月25日　WORKS　株式会社 翔永社さまのサイトをリニューアルしました。情報設計、制作ディレ

図6-7 background-position: center center; を指定した場合

異なる画像を表示する

2

**6-2** **実際に試してみよう**

try/lesson6/6-2/index.html の background-size/background-position プロパティの値を変更して、コードと表示結果の関連を確認しましょう。

## object-fit プロパティでトリミングする

background-image で実装するのと異なり、img 要素で埋め込んだ画像をトリミングして見せるのは簡単ではありません。ですが、object-fit プロパティを使えば、親要素に合わせて img 要素の大きさを柔軟にフィットさせることができます。

以下のコードをご覧ください（リスト6-6、リスト6-7）。画像（pct_voice.jpg）のオリジナルサイズは576×406です。しかし親要素 .voice__image の幅は288px なので、レンダリングすると画像の幅はオリジナルの1/2で縮小表示されます。それと同時に、画像の高さもオリジナルの半分である203px で表示されます（図6-8）。

**リスト6-6** **HTML** img要素で画像を埋め込んでいるHTML

```
<dl class="voice__image">
    <dt>nanaroku 株式会社  上野キミーさま </dt>
    <dd><img src="./img/pct_voice.jpg" alt=" 写真：上野キミーさま "></dd>
</dl>
```

**リスト6-7** **CSS** object-fit で親要素に合わせて img 要素の大きさを調整する

```
.voice__image {
    width: 288px;
}
.voice__image img {
    height: auto;
    max-width: 100%;
}
```

図6-8 画像の幅は288px、高さは203pxで表示されている

　ここまではいたってふつうの指定です。では、レイアウトの調整の関係で.voice＿＿imageの高さをもう少し伸ばす必要が出たとしましょう。203px→228pxまで広げたいので、.voice＿＿image imgにheight: 228px;を適用しました（リスト6-8）。すると画像の縦横比が崩れて上下に引き伸ばされたような表示になってしまいます（図6-9）。

**リスト6-8　　CSS　　.voice＿＿imageの高さを228pxにする**

```css
.voice__image img {
    height: 228px;
    max-width: 100%;
}
```

図6-9 画像の高さを228pxに固定したところ、縦横比が歪んでしまった

そこで、縦横比の歪みを解消するため object-fit: cover; を追記します（リスト6-9）。すると、幅288px、高さ228pxのエリアを隙間なく埋める形で画像が表示されるようになります（図6-10）。**画像全体を表示することよりも、表示エリアを埋めることが優先される**ため、画像の左右がトリミングされます。

| リスト6-9 | CSS | object-fit: cover; で縦横比の歪みを解消する |
| --- | --- | --- |

```css
.voice__image img {
    height: 228px;
    max-width: 100%;
    object-fit: cover;
}
```

図6-10 画像の左右がトリミングされて、表示エリアぴったりの大きさで表示されている

　ちなみに、object-fit プロパティの値に **contain を指定した場合には、縦横比を保持したまま画像全体を表示しようとします**。今回のケースでは、表示エリアの幅いっぱいを埋めるために画像の幅は288px、表示エリアの高さは無視して（画像全体を表示するほうを優先して）画像の高さは203pxで表示されます。

# 6 3 テキストの改行位置を制御する

PC用のカンプとSP用のカンプを見くらべていて気づいたんですが、メインビジュアル下のコピーの改行位置が違うんですね

うんうん。こういうこと、時々あるよね

改行といえばbrだけど、ビューポート幅によってbrタグの位置を移動するなんてことは……できないですよね

そうだねえ。brタグの移動は諦めて、CSSで何とかしよう！

　キャッチコピーを印象づけるためにコピーを細かく改行する、というのはメディアを問わず広く用いられている表現手法です。ただ、Webの場合はユーザーの閲覧環境（ビューポート幅、フォントサイズの設定など）によって意図しない位置で改行されてしまう可能性があります（図6-11、図6-12）。改行位置を完全にコントロールするのは無理だとしても、できる限りデザイナーの意図に近い状態で表示されるよう、br以外の方法を考えてみましょう。

> **見た目が美しいだけのWebサイトならたくさんあります。でも……**
>
> そのサイトは「使いやすい」ですか？
> 誰かの「役に立って」いますか？
> 伝えたいことが「ちゃんと伝わって」いますか？
> 期待する「効果を得られて」いますか？
>
> **そろそろ、キレイなだけのWebサイトから卒業しませんか？**

**図6-11** ビューポート幅が広い環境で表示したときは改行せずに表示したい

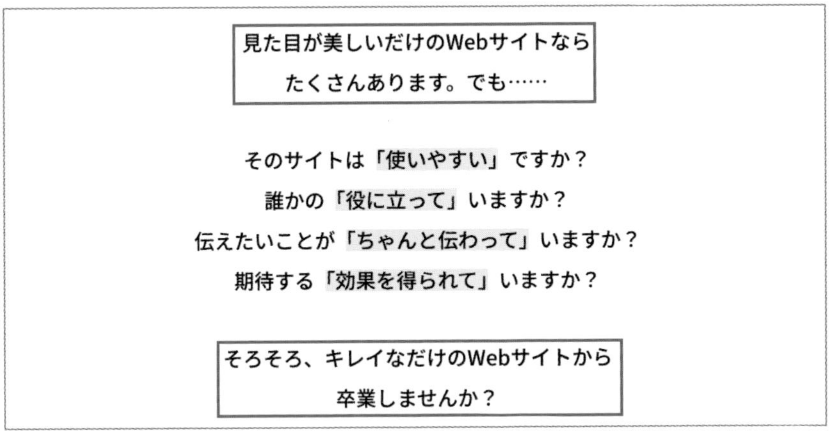

図6-12 ビューポート幅が狭い環境で表示したときは任意の位置で改行したい

　なお、具体的な手法の話に入る前にあらためて確認しておきたいのですが、「改行」とは本来、長い文章を途中で区切って読みやすくしたりテンポよく読ませることを目的とした表現です。「テキストブロックを正方形にしたい」といったように、整形を目的としてbrタグを記述するのはレスポンシブ対応の有無にかかわらず誤った発想といえます。

## displayプロパティで制御する

　まずは改行したい部分をspan要素としてマークアップします（リスト6-10）。その上でdisplayプロパティ値を変更しましょう。

　span要素のdisplay初期値はinlineですが、これをblockに変更します（リスト6-11）。display: block;が適用された要素は「親要素の幅いっぱいに広がる」「垂直方向に並ぶ」という特徴を持つため、結果的にテキストを改行したように見せることができます（図6-13）。

　spanは他のタグと異なり「意味づけ」を行わないため、純粋に「スタイルの適用先」として扱うことができます。テキストブロックの整形や、（強調などの意図なしに）文字の色や大きさを変える目的があるときには積極的に利用したいタグです。

**リスト6-10　HTML　改行したい部分にspan要素を入れる**

```
<p> 見た目が美しいだけの Web サイトなら <span> たくさんあります。でも……</span></p>
```

```css
p span {
    display: block;
}
```

display:inline＝1行に収める

**見た目が美しいだけのWebサイトならたくさんあります。でも……**

display:block＝横幅いっぱいに
広がって縦積みになる

**見た目が美しいだけのWebサイトなら**

**たくさんあります。でも……**

図6-13　span要素の表示を切り替えることで、改行したように見せることができる

6-3　**実際に試してみよう**

try/lesson6/6-1/index.htmlをブラウザで開いて、コードと表示結果の関連を確認しましょう。

## 疑似要素で制御する

　改行したい部分がspan要素としてマークアップしてあれば、疑似要素を使って改行させることも可能です。span要素の直前または直後に、改行コード \a を疑似要素として挿入します。ただ、改行コードを追加しただけではブラウザ上で改行されません。HTMLソース上でいくら改行しても、ブラウザで見たときに改行が反映されないのと同じ理由です。

　そこで、もう1つのスタイルであるwhite-space: pre-line;を追加しましょう（リスト6-12、リスト6-13）。これで改行表示することが可能になります。

テキストの改行位置を制御する

**リスト6-12**　**HTML**　改行したい部分にspan要素を入れる（再掲）

\<p\> 見た目が美しいだけの Web サイトなら \<span\> たくさんあります。でも……\</span\>\</p\>

**リスト6-13**　**CSS**　span要素の直後に改行コードを追加している

```
p span::before {
    content: "\a";
    white-space: pre-line;
}
```

**6-4**　**実際に試してみよう**

try/lesson6/6-4.html にリスト6-12のコードを追加して、編集前後の表示結果の変化を確認しましょう。

　white-spaceは、その名のとおり「ホワイトスペース」の扱い方を指定するためのプロパティです（表6-1）。ホワイトスペースとは、HTMLソース内での改行やタブ、半角スペースを指します。値の候補はpreやnowrapなどいくつかの選択肢がありますが、初期値normalにもっとも近いpre-lineを指定しておくのが無難です。normalとpre-lineの違いは、改行コードの扱い方（だけ）です。

表6-1　white-spaceプロパティの値

| 値 | 改行 | 半角スペースとタブ | 幅の狭い要素内での折り返し |
|---|---|---|---|
| normal | 空白として扱う | 空白として扱う | なりゆきで折り返す |
| nowrap | 空白として扱う | 空白として扱う | 折り返さない |
| pre | ソースコードどおりに改行 | ソースコードどおりに表示 | 折り返さない |
| pre-line | ソースコードどおりに改行 | 空白として扱う | なりゆきで折り返す |

## 表示と非表示を切り替えて制御する

「スマートフォンやタブレットではbrタグを使って強制改行するが、PCで閲覧したときには改行したくない」という場合もあるでしょう。ビューポート幅の大きなデバイスで閲覧されたときにbr要素を非表示にすることで、改行を取り除くことができます（リスト6-14、リスト6-15）。ただし、くれぐれも**「テキストブロックを整形する目的でbrタグを記述しない」という原則**からは外れないようにしましょう。

---

**リスト6-14　HTML　整形目的ではないbr要素を記述している**

```
<p> 見た目が美しいだけの Web サイトならたくさんあります。<br>
でも……</p>
```

---

**リスト6-15　CSS　ビューポート幅が992px以上になったらbr要素を非表示にする**

```
@media (min-width:992px) {
    br {
        display:none;
    }
}
```

---

**6-5　実際に試してみよう**

try/lesson6/6-5.htmlをブラウザで開いて、コードと表示結果の関連を確認しましょう。

---

このサンプルの、「見た目が美しいだけのWebサイトならたくさんあります。」というテキストのうしろにbrタグを記述して強制改行するのは、文脈に沿った表現といえます。なぜなら、句点によっていったん区切られているからです。その上で、ビューポート幅が992px以上になるとbr要素が非表示に切り替わるため、一般的なPCで閲覧した場合は、改行が解除されたように見えます。しかし、改行されないからといって読みやすさが大きく損なわれることはなさそうなので、この場合は適切な手法といえます。

# 6 4 サイトナビゲーション

うーん、どうすればいいんだろう

どうしたの？　何か悩んでる？

PC 用のカンプと SP 用のカンプでナビゲーション部分のデザインが全然違うのでどうしようかと……。HTML を 2 種類用意してもかまわないなら問題なくコーディングできそうなんですが

運用時のコストが 2 倍になることを考えると、HTML の重複はできるだけ避けたいね

　レスポンシブウェブデザインにおいて、「PCではサイトナビゲーションの項目が横に並び、スマートフォンでは縦に並ぶ」というレイアウトをよく見かけます。

　こうしたナビゲーションはPC版とSP版のデザインがまったく異なるため、「ナビゲーション部分のHTMLコードを別個に記述しなくてはいけない」と考えてしまいがちです（図6-14、図6-15）。

・ナビゲーション項目が横に並ぶ
・ナビゲーション項目が上下に分かれて配置されている

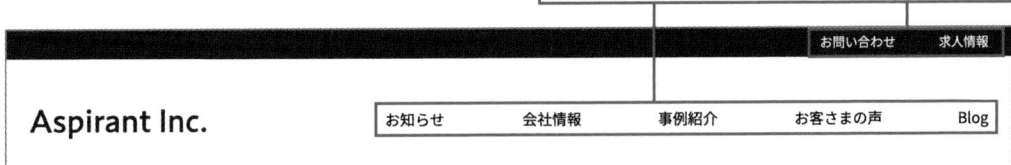

**図6-14** PC 版のカンプ

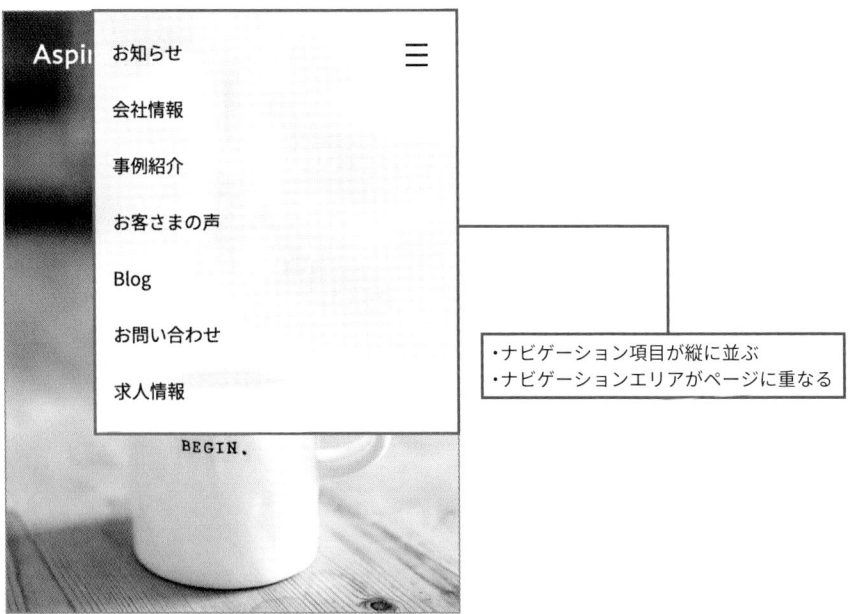

・ナビゲーション項目が縦に並ぶ
・ナビゲーションエリアがページに重なる

図6-15 SP版のカンプ

　しかし、サイトナビゲーションを表すコードが重複している状態を「美しいHTML」「運用しやすいHTML」と表現するのは気が引けます。「デバイスによって異なるメニュー項目が存在する」といった理由なら致し方ないのですが、単にレイアウトやデザインが異なるだけならCSSで何とか対応したいところです。以下のHTMLコードで2種類の見せ方に対応するには、まずPC版はナビゲーション項目をGridアイテムとして2行に分けて配置しましょう。詳しくはLesson4の「ナビゲーションのレイアウト」（126ページ）も参照してください。SP版はGridを解除し、各li要素のデフォルトスタイルをそのまま生かして縦積みにします。

　このように、工夫次第でHTMLの重複を避けることができます（リスト6-16、図6-16）。

リスト6-16　　HTML　　HTMLの重複を避ける

```
<div class="row">
    <h1>
        <img src="./img/logo.svg" alt="Aspirant Inc.">
    </h1>
    <nav>
        <button id="hamburger-button" type="button" aria-label=" メニュー " aria-⏎
expanded="false" aria-controls="hamburger-menu">
            <span class="hamburger-button__icon"></span>
        </button>
```

```
      <ul id="hamburger-menu" class="gnav">
          <li class="gnav__item"><a href="#"> お知らせ </a></li>
          <li class="gnav__item"><a href="#"> 会社情報 </a></li>
          <li class="gnav__item"><a href="#"> 事例紹介 </a></li>
          <li class="gnav__item"><a href="#"> お客さまの声 </a></li>
          <li class="gnav__item"><a href="#">Blog</a></li>
          <li class="gnav__item"><a href="#"> お問い合わせ </a></li>
          <li class="gnav__item"><a href="#"> 求人情報 </a></li>
      </ul>
   </nav>
</div>
```

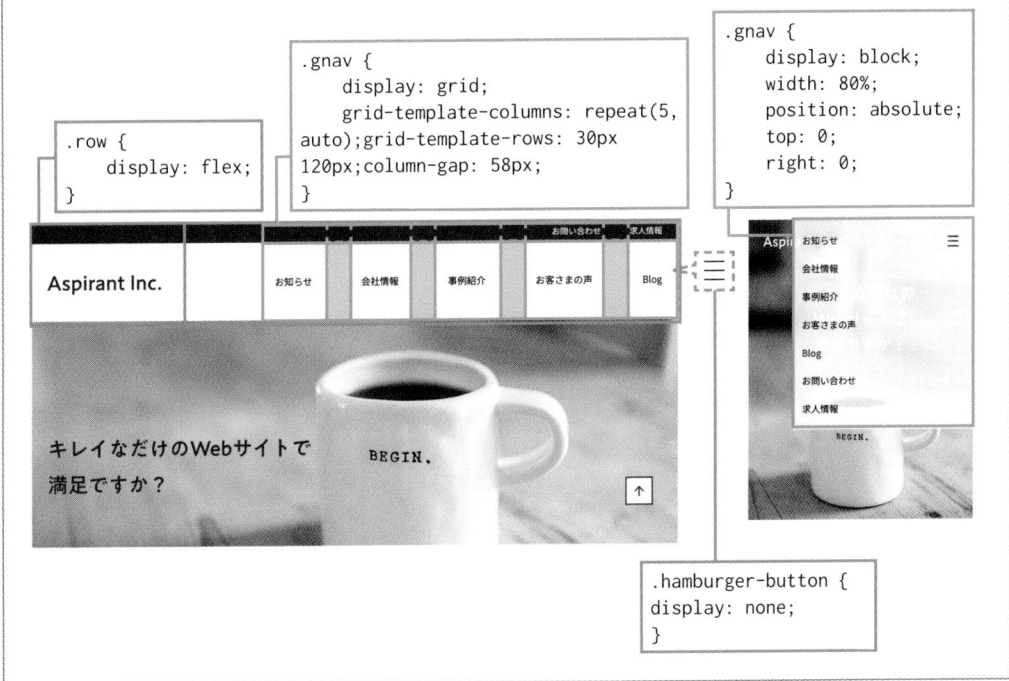

図6-16 2つの見せ方を考えるための設計図

# 6 5 運用を見すえたカラムの実装

「Blog」の最新記事が今は3つしか並んでないけど、今後増える可能性はないのかな……

よく気づきました！　ユーザーの反応を見て記事の数を増減したり、記事ごとにデザインを変えたりすることになるかも

運用に備えて今からやれること、ありますか？

あるある！　ちょっと先を見越したコーディングができるようになったら、すっかり一人前だね

## コンテナーの幅が固定されていたら

　コンテナーの幅が固定されている場合は、Flexboxでレイアウトするのがもっともシンプルなやり方です。

　以下のCSSを適用すると、左から右に向かって同じ幅（248px）のカラム（.blog-recent a）が32pxの間隔を空けて3つ並びます（リスト6-17、リスト6-18）。これなら、もしカラムの数が増えたとしても「4つめの要素は2行目の左、5つめの要素は2行目の中央」のように整然と配置されます（図6-17）。

**リスト6-17　HTML　記事の数が5つになった場合のHTML**

```
<div class="blog-recent">
    <div class="row">
        <a href="#">
            <dl>
            ...
```

```
                </dl>
        </a>
        <a href="#">
                <dl>
                ...
                </dl>
        </a>
        <a href="#">
                <dl>
                ...
                </dl>
        </a>
        <a href="#">
                <dl>
                ...
                </dl>
        </a>
        <a href="#">
                <dl>
                ...
                </dl>
        </a>
    </div>
</div>
```

リスト6-18 | CSS | Flexboxでレイアウトする CSS

```css
.blog-recent {
    width: 808px;
}
.blog-recent .row {
    display: flex;
    flex-wrap: wrap;
    gap: 32px;
}
.blog-recent a {
    width: 248px;
}
```

248px で固定

**図6-17** 子要素が増えたら、自動的に複数行にわたって表示される

## コンテナーの幅が可変だったら

コンテナーの幅が固定できない場合には、少々ややこしくなります。カラム幅を固定したままだと、右側に余白ができてしまう可能性があるからです。この問題を解決するには、いくつかの方法が考えられます。

### ▶ カラム幅を可変にする

カラムの幅を固定せず、コンテナーの幅に合わせて伸縮するようにします。

コンテナーの幅を100%として、そこから要素間のスペース（32px×2=64px）を引いた数値を3で割ることでカラムの幅を算出できます。width値の指定には、calc()関数を使います（リスト6-19）。

カラム幅を可変にしたときの問題点は、カラム幅が大きくなると間延びした印象に、逆にカラム幅が小さくなるとカラムの中が窮屈に見える可能性があることです（図6-18、図6-19）。

カラムの幅だけでなく、1行に収まるカラムの数も柔軟に変更しながらダイナミックにレイアウトする必要があるようなら、次項で紹介するGridレイアウトを用いて対応しましょう。

```
.blog-recent a {
    width: calc((100% - 64px) / 3);
}
```

図6-18 カラム幅が広いと間延びして見える

図6-19 カラム幅が狭いと窮屈に見える

### ▶ Gridでレイアウトする

　Gridレイアウトなら、1行あたりのカラムの数や幅をコンテナーの幅に応じて自動的に変更できます。

　まずgrid-template-columnsプロパティ値にrepeat()関数を記述します。1つめの値をauto-fillにすると、カラムの数が自動的に調整されます。2つめの値にminmax()関数を使うことで、カラ

ム幅を「○○以上△△以下」のように範囲指定できます。

　以下のサンプルコードでは「最小値が248pxで最大値が1fr」と指定しているので、ブラウザに読み込むと下記3つの条件を満たすようにレンダリングされます（リスト6-20）。

- カラムの数は可変
- カラム幅は等幅（1fr）
- カラム幅は248px未満にならない

リスト6-20　　**CSS**　　.blog-recent aに対するwidth指定は不要

```css
.blog-recent .row {
    display: grid;
    gap: 32px;
    grid-template-columns: repeat(auto-fill, minmax(248px, 1fr));
}
```

　もしコンテナーの幅が1024pxだったらカラム幅は自動的に320pxに変更され、コンテナーの幅いっぱいを使って1行に3つずつ並べられます（図6-20）。

**図6-20** カラム幅が248pxだと余りが出てしまうので自動的にカラム幅が変更される

もしコンテナーの幅が1088pxに広がったら、248pxのカラムが1行に4つずつ並ぶことになります（図6-21）。このやり方ではレイアウトを完全に制御することはできませんが、コンテナーの幅に応じて各カラムがほどよい大きさを保ちながら柔軟に配置されるため、レイアウト要件によっては「使える」手法です。

図6-21 (248×4) + (32×3) = 1088pxなので、コンテナーの幅にピッタリ収まる

# 6 6 ブレイクポイント

先輩はブレイクポイントをどうやって決めてますか？

自分なりの定番ポイントがあるので、いつもはそれを基準にしてる。あとは必要に応じて追加する感じかなあ

定番ポイント？　必要に応じて追加！？　そこのところ、もうちょっと詳しく教えてもらえますか？

これはあくまで「わたし基準」なので「絶対」ではないんだけど、同じような考え方のクリエイターも多いから教えておくね

レスポンシブ対応する際に、最初に頭を悩ませるのは「ブレイクポイントをどこに置くか」かもしれません。ブレイクポイントは、その気になれば無数に設置できるのですが、たくさん設けすぎると自分の首を絞めることになります。数は多くても10以下（できれば5くらい）に抑えておけば、メンテナンス作業が膨大にならずに済むでしょう。

## 「定番のポイント」を利用する

クリエイターに「ブレイクポイントをどうやって決めてますか？」と質問すると、「CSSフレームワークを参考にする」という回答が多く返ってきます。人気のCSSフレームワーク「Bootstrap」のバージョン5では、ブレイクポイントを以下のように設けています（表6-2）。

表6-2 Bootstrapで既定されているブレイクポイント

| 画面サイズ | ブレイクポイント |
|---|---|
| X-Small | 576px未満 |
| Small | 576px以上 |
| Medium | 768px以上 |
| Large | 992px以上 |
| Extra large | 1200px以上 |
| Extra extra large | 1400px以上 |

「X-Small」はスマートフォンを「縦持ち」したとき（ポートレートモード）のイメージでしょうか。「Small」は大きめのスマートフォン、または一般的なスマートフォンを「横持ち」したとき（ランドスケープモード）のイメージ。「Medium」はタブレット、「Large」以降はPCのようにざっくり捉えてください。

CSSフレームワークにはさまざまな種類がありますが、多くは開発状況が一般公開されており、世界中のユーザーからの意見が反映されています。**特に人気の高いBootstrapは「集合知」として大きな価値を持っている**といえます（図6-22）。そのため、Bootstrapのブレイクポイントを参考にしてレスポンシブ対応しているクリエイターが多いのです。

図6-22 Bootstrapのサイト
参照元：https://getbootstrap.jp/

もちろん、Bootstrapのブレイクポイントどおりに実装するのが難しいケースも多々ありますし、必ずしもBootstrapにならう必要はありませんが、最新の考え方を知るためにチェックしておいて損はありません。

　Bootstrap以外だと、Chromeの「デベロッパーツール」を起動して「デバイスツールバー」を表示するとChrome既定のビューポート幅を確認できます（図6-23、図6-24）。こういうところにも最新の傾向が反映されているはずなので、お使いのChromeでチェックしてみてください。

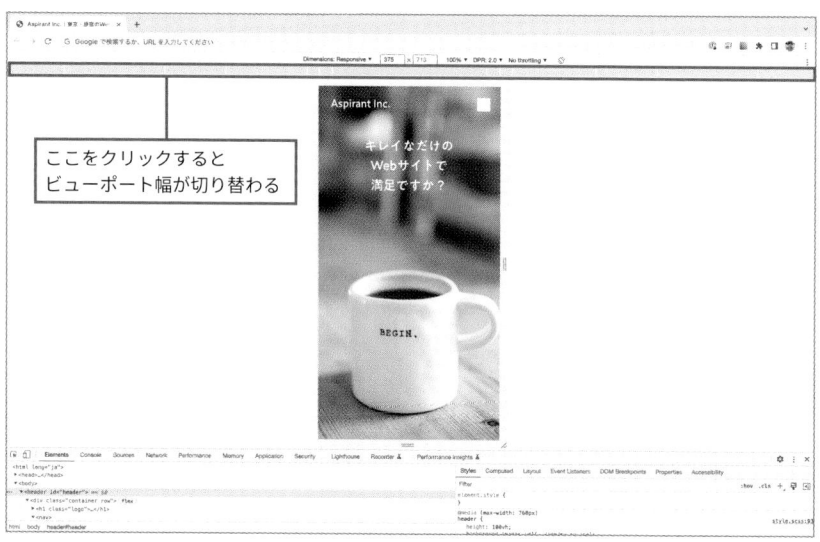

図6-23　デバイスツールバーを使うと、クリック1つでビューポート幅を切り替えられる

図6-24　ビューポート幅が切り替わった

以下のリストは本書執筆時（2022年12月）に確認した情報なので、現在の設定とは異なるかもしれません（表6-3）。

表6-3 デベロッパーツール上のビューポート幅

| デバイス | ビューポート幅 |
| --- | --- |
| Mobile S | 320px |
| Mobile M | 375px |
| Mobile L | 425px |
| Tablet | 768px |
| Laptop | 1024px |
| Laptop L | 1440px |
| 4K | 2560px |

## ポイント追加・調整作業の進め方

レスポンシブ対応作業は、まずはデザイナーから支給されたカンプの幅や定番のブレイクポイントでレイアウトが崩れていないか確認しながら進めていきます。ある程度コーディングが進んだら、他のブレイクポイントも検証しましょう。実際に確認してみるとびっくりするくらい大きく崩れることがあるので、その場合には必要に応じてブレイクポイントを追加します。

もし細かいブレイクポイントをたくさん追加しなくてはいけないようなら、レイアウト手法そのものが間違っている可能性があります。以下のような考え方でコーディングしているとブレイクポイントが増える傾向があるので、ベースとなっているCSSを見直してみましょう。

▶ **間違い例①：margin/paddingによる配置**
　×：画像やテキストを配置する際、左端や上端からの距離（marginやpadding）で指定している
　○：デザイナーの意図を汲んで実装できているか確認し、より適切な手法（text-alignやFlexboxなど）でレイアウトしている

▶ **間違い例②：高さの指定**
　×：テキストを含む要素の高さをheight＋px単位で固定している
　○：要素の高さは固定せず、内容に合わせて伸縮させる

▶ **間違い例③：単位**
　×：ビューポートや親要素の幅・高さの影響を受ける単位（vw、vh、％など）を多用している
　○：適切な単位で指定している

**6-6** レスポンシブ対応してみよう

Lesson5の「LET'S TRY」5-8でレイアウトした「Blog」をレスポンシブ対応しましょう。try/lesson6/6-6にあるファイルを使用してもOKです。

※ブレイクポイントの設定は任意です。

※「デベロッパーツール」を使って、さまざまなビューポート幅を確認しながら作業してください。

解答例は243ページへ

## Column コーダーって損?

　フリーランスなのか会社員なのか、勤め先は事業会社なのか制作（受託）会社なのか、作っているサイトの規模は大きいのか小さいのか、今の職場で求められている役割は何なのか……あなたが置かれている環境によって違いはあるでしょうが、多くの制作現場においてHTML/CSSのコーディングは「下流工程」とされがちです。そのためスケジュールのしわ寄せを受けやすく、締め切りまでに十分な時間を確保できなくて胃の痛い思いをさせられることが多いのではないでしょうか。

　また、誰もが評価しやすいデザインと比べると、周囲からコードを誉められたり「自分が頑張ったおかげでよい成果物に仕上がったぞ」と手応えを感じられる機会が少ないかもしれません。

　でも、「どうせ下流だから」「評価されないから」としょんぼりせず、誇りを持って業務に取り組んでください。たしかにちょっと地味な存在ではありますが、筆者はコーダーのことを「Webサイト制作における最後の番人」と考えています。情報のアウトラインに矛盾が生じていることに気づいたり、デザイナーのケアレスミスをカバーしたり、コーダーでなければ果たせない役割は意外とたくさんあるものです。また、アクセシビリティをどこまで引き上げられるか、この重要な最終調整も多くの現場ではコーダーの腕に委ねられています。

　フロントエンド周りは技術のトレンドが移ろいやすいため、ついていくのが大変ですが、逆に「常に新しいチャレンジが待っていて飽きない領域」ともいえます。実務で使うかどうかは別として、常にアンテナを張って幅広くいろいろなことに興味を持っていれば、あるとき「これを究めたい！」と思えるものに出会えるかもしれません。大きなうねりの中にあり続けるWebならではの面白さを直接的に感じられるのはコーダーの特権と考えて、楽しみながら勉強していきましょう。

# Lesson 7

## ワンランク上のコーディングを目指す

アマチュアならカンプの再現を最終ゴールにすればよいのですが、プロはそれだけでは不十分です。なぜなら、プロの現場では1つのサイトを複数人で構築したり、公開後も少しずつ仕様を変えながら運用していく可能性が大きいからです。デザインバリエーションを追加する際に既存のコードを書き直さないといけなかったり、コードを読み解くのに後任のメンバーが苦労したりする事態は避けたいものですね。

# 7 1 「よいコード」を考える

かなり完成に近づいてきたね！

はい、あとちょっとで終わりそうです

どれどれ……あれれ、この部分の CSS コードがやけに複雑に見えるんだけど？

あっ、そこは苦戦した箇所なので試行錯誤の跡が残っているのかもしれません

HTMLにせよCCSにせよ、「仕様に違反していない」「カンプを再現できている」というのがひとまずのゴールです。ただ、プロならばさらに欲張って以下のポイントを押さえつつ、より品質の高いコードを目指したいものです。

①意図が伝わりやすい

②無駄がない

③保守しやすい

④拡張性が高い

⑤汎用性が高い

これらのポイントを定量的に判定するのは難しいため、「正解はコレ」「こうすれば100点」といった細かな指標は示せないのですが、さしあたって「きれいなコードを書こう」という意識を常に持つことが重要です。自分なりに上記のポイントに照らし合わせながら作業することで、アウトプットも大きく変わってくるはずです。

CSSのコーディング時には、具体的に以下のポイントを避けておくと安心です。これらはすべて、予期しないトラブルを引き起こす要因になります。「仕様を正確に理解している」「トラブルが発生しても対処できる」という自信がつくまでは可能な限り避けましょう。よほど特殊なケースを除いて、知恵を絞れば他のやり方が見つかるはずです。

- position: absolute;を用いたレイアウト
- 絶対的な数値による高さの固定（height: ○○ px;）
- ネガティブマージン、マイナス値

「限られた閲覧環境に対応すればよい」「リリース後はいっさい運用しない」といった前提ならどんなやり方でもかまわないのですが、そんな条件で制作されるWebサイトはほとんどありません。可能な限りたくさんの閲覧環境に対応し、文字数の増減やちょっとしたデザイン変更であれば最低限の作業で済ませられるよう配慮したコードが書ける。これがプロとアマチュアの大きな違いです。

## 「きれいなコード」とは？

先述のとおり、多くのサイトは運用前提で制作されます。この先ずっと自分1人で運用していくのであれば多少コードが見づらくても大きな問題ではありませんが、いずれあなたのコードを別のスタッフが引き継ぐことになるかもしれません。

また、自分自身で書いたコードとはいえ半年も経つと細部を忘れてしまうものです。「久々に更新しようと思ったらどこに何が書いてあるのかわからなくて、自分で書いたコードの解読に半日かかってしまった」といった状況に陥らないよう、未来の自分のためにも「きれいなコード」を書く努力は必須です。

では、どんなことに気をつければ「きれいなコード」を書けるのでしょうか？

### ▶ 見た目を整える

インデントを揃えるだけで、コードの見通しは大きく変わります。特にHTMLでは要素の親子関係を示すために適切なインデントを設けることが求められます。要素の親子関係と連動したインデントがついていれば、タグの閉じ忘れを防ぐきっかけになります。インデントのつけ方にルールはありませんが、いわゆる「インライン要素」以外は、改行とインデントを伴って記述されることが多いようです。

・前後に改行（インデント）を伴って記述される要素の例

- div
- section
- h1-h2
- p
- ul/ol/li
- dl/dt/dd
- table/tr

・前後に改行を伴わずに記述される要素の例

- img
- a
- span
- em
- strong
- th/td
- br（要素のうしろのみ改行を伴う）

「Visual Studio Code」などの高機能エディターにはドキュメントのフォーマットを整える機能が最初から備わっているため、インデントや改行をいちいち手作業で入力する必要はありません（図7-1、リスト7-1、リスト7-2）。むしろ人間が作業するとミスが発生しやすいため、積極的にツールを使いましょう。

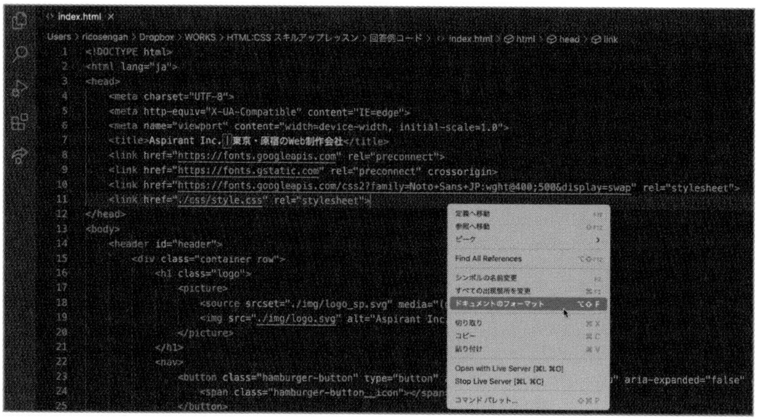

図7-1 Visual Studio Codeの「ドキュメントのフォーマット」機能

```
          <h1 class="logo">
<picture>
<source srcset="./img/logo_sp.svg" media="(max-width:768px)">
    <img src="./img/logo.svg" alt="Aspirant Inc.">
              </picture>
</h1>
```

リスト7-2 　HTML　整形後のコード

```
<h1 class="logo">
    <picture>
        <source srcset="./img/logo_sp.svg" media="(max-width:768px)">
        <img src="./img/logo.svg" alt="Aspirant Inc.">
    </picture>
</h1>
```

### ▶ 法則化する

　CSSを思いつくまま記述していると、後から見返したときに大変わかりづらくなります。CSSルールセット（セレクタとプロパティと値の組）の記述順は、以下のようにさまざまな法則が考えられます。1つの法則だけではなく、いくつかを組み合わせて「自分がもっとも理解しやすい法則」を作っておきましょう。

- サイト全体に共通のルールセット ⅢⅢ▶ ページごとに個別のルールセットの順
- タイプセレクタを含んだルールセット ⅢⅢ▶ class/idセレクタを含んだルールセットの順
- ページの構造の順番に連動させる（例：ヘッダー ⅢⅢ▶ メインコンテンツ ⅢⅢ▶ フッター）
- レイアウトに関するルールセット ⅢⅢ▶ デザインに関するルールセットの順

　法則化しておくとよいのはCSSルールセットの記述順だけではありません。宣言（プロパティと値の組）の記述順も法則化しておくと、コードが格段に理解しやすくなります（リスト7-3）。
　宣言の記述順が法則化されていると目的の宣言を見つけやすいため、不具合を検証する際などに効率的に作業を進められます。

7

ワンランク上のコーディングを目指す

```css
h1 {
    position: absolute;
    width: 100%;
    font-size: 2rem;
    line-height: 1.75;
    padding-top: 183px;
    color: #fff;
    text-align: center;
    padding-left: 27px;
    background-color: #000;
    top: 108px;
}
```

　宣言の記述順でよく見かけるのは、「役割順」と「アルファベット順」です。それぞれの特徴は以下のとおりです。

**・法則①：役割順**

　認識しやすいプロパティの順に記述していく考え方です。**視覚的に目立つプロパティを上のほうに記述することで、レンダリング結果をイメージしやすい**のが大きな特徴です（リスト7-4）。

リスト7-4　　CSS　　役割順で並び替えてあるので、レンダリング結果を想像しやすい

```css
h1 {
    position: absolute;
    top: 108px;
    width: 100%;
    padding-top: 183px;
    padding-left: 27px;
    background-color: #000;
    color: #fff;
    font-size: 2rem;
    line-height: 1.75;
    text-align: center;
}
```

ただし、記述順を詳細に示した公式のガイドラインが存在しないため、コーディングする人によってバラツキが生じてしまうのが難点です。

おおまかではありますが、一般的に以下のような順序で記述されることが多いようです。会社やチーム内でローカルルールを作る際の参考にしてください。

①整形（display、position、floatなど）

②ボックスモデル（width、height、margin、padding、borderなど）

③背景（background）

④色（color）

⑤フォント、テキスト（font-family、font-size、line-height、text-decoration、text-alignなど）

⑥表組（table-layout、border-collapseなど）

⑦UI（content、cursorなど）

⑧アニメーション（transition、animationなど）

⑨その他

・法則②：アルファベット順

プロパティをa、b、c……の順で記述していきます（リスト7-5）。この法則のよいところは「個人差がいっさい生じない」点です。ちなみにこの法則は「easy to learn, remember, and manually maintain（習得、記憶、および手動での保守が容易）」として**Google Style Guideでも推奨されています**。ただし、テキストに関するプロパティ（たとえばcolorとtext-align）が離れた場所に記述されてしまうなど、慣れるまでは読みづらく感じるかもしれません。

| リスト7-5 | CSS | プロパティがアルファベット順に並んでいるので、誰が書いても（読んでも）ブレない |

```
h1 {
    background-color: #000;
    color: #fff;
    font-size: 2rem;
    line-height: 1.75;
    padding-left: 27px;
    padding-top: 183px;
    position: absolute;
    text-align: center;
    top: 108px;
    width: 100%;
}
```

ワンランク上のコーディングを目指す

## ツールを使う

　法則を設けること自体にはメリットが多いのですが、順番を考えながらCSSをコーディングしたり、後からわざわざ手作業で並べ替えるのは面倒です。ですから、こうした単純作業にはツールを用いましょう。「フォーマッター」「整形ツール」などと呼ばれるツールを使うと、ちょっとした操作でファイル全体の宣言を一気に並び替えることができます。

　よく知られているCSSフォーマッターに「CSScomb（CSSコーム）」というものがあります。CSScombを利用するにはいくつかの方法があります。コマンドラインで動かすこともできますし、エディターのプラグインとして配布されているものをインストールしてもよいでしょう。ただCSScombは長らく更新が止まっているため、プラグインの開発元によっては「非推奨」としているところもあります（図7-2）。

図7-2　プラグイン説明を見ると「CSScombのメンテナンスがなされていないため、プラグインも開発停止している」旨が書かれている

　CSScombに限っていえば、開発が止まっているからといってさほど大きな問題はなさそうですが、このように、有名（＝検索するとたくさんの情報が見つかる）だからといって「最新」「最適」とは限りません。興味を持ったプラグインがあれば最終更新日をGitHubで確認するなど、たまたま目にした情報をうのみにせず、自分なりに「一次ソース」を調べる習慣をつけましょう。

　「PostCSS Sorting」などのCSScombに依存しないプラグインも存在しているので、もし開発が止まっているプラグインを使うのが心配なら、別のプラグインを試してみるのもよいでしょう。大切なのは「（誰かの言いなりになるのではなく）自分が理解できて納得できるツールを使おう」という姿勢です。

# 「他の人が更新しやすいコード」とは？

　仕事の現場で求められるのは、**属人化されておらず、誰もが理解できて誰でも扱えるコード**です。特にHTMLやCSSは「文法エラーがなくてデザインカンプどおりに表示できていればOK」とされがちですが、Webサイトは運用しながら結果を出していくメディアです。公開後もメンテナンスし続けなくてはいけないので、いずれ担当者が代わっても問題なく仕事を引き継げるよう配慮しながらコーディングしましょう。

　では、どんなコードなら「誰でも更新できる」のでしょうか？

## ▶ ポイント①不要な記述、重複した記述がない

　「これは不要なのでは？」と思われるdivタグやclass/id属性がたくさん記述されたHTMLコードを見かけることがあります。設計上、あえてそうしているのならかまわないのですが、**深く考えずにあちこちをdivタグで囲んだり、区別する必要のない要素にまでclass/id名をつけていませんか？**不要な要素や属性が記述されていると、それだけで煩雑な印象を与えるものです。もし手癖で何となくやってしまっているのであれば止めましょう。

　CSSで気をつけたいのは重複です。このサンプルのように、すでにh2要素に対してfont-size: 1.5rem; が適用されているにもかかわらず、.boxA h2にもまったく同一のスタイルfont-size: 1.5rem; を適用するのは「重複」ということになります（リスト7-6）。

リスト7-6　　CSS　　font-size: 1.5rem;が重複している

```css
h2 {
    font-size: 1.5rem;
}
.boxA h2 {
    font-size: 1.5rem;
}
.boxB h2 {
    font-size: 2rem;
}
```

　HTMLにせよCSSにせよ、あれこれ考えながらコーディングしていると途中段階でつい不要なコードを書いてしまうものです。**無駄や重複はコーディングにつきものと考えて、自分の書いたコードをこまめにふり返りながら先に進む**ようにしましょう。

最後にまとめて整理しようとすると作業が膨大になるだけでなく、完成間近の状態をうっかり壊してしまう可能性もあります。

### ▶ ポイント②意図を理解しやすい

「意図を理解しやすい」コードとはどんなものなのか、具体例をもとに考えていきましょう。

HTMLとCSSで、図7-3のようなデザインカンプを再現するには、どんなやり方があるでしょうか？背景色が塗られた領域の中央に、枠線つきの四角い要素が配置されているだけのシンプルなデザインです。「自分だったらどのようにコーディングするかな？」と考えながら読み進めてみてください。

リスト7-7のHTMLとともに、まずは2つのCSSを見てみましょう（リスト7-8、リスト7-9）。

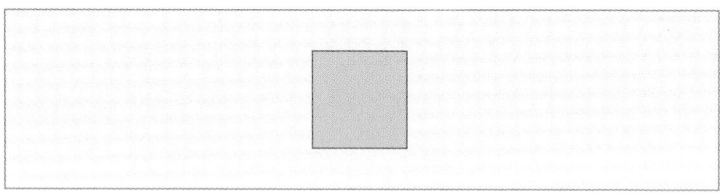

図7-3 このデザインを再現するために、どんなCSSを記述する？

**リスト7-7　　HTML　　.container＝背景色が塗られた領域、.centered＝枠線つきの四角として表示したい**

```html
<div class="container">
    <div class="centered"></div>
</div>
```

**リスト7-8　　CSS　　CSSのコード例①**

```css
.container {
    background-color: #eee;
    padding: 50px;
}
.centered {
    background: #ccc;
    border: 1px solid #333;
    height: 100px;
    width: 100px;
    margin: auto;
}
```

7-1　実際に試してみよう

try/lesson7/7-1.htmlをブラウザで開いて、コードと表示結果の関連を確認しましょう。

リスト7-9　　CSS　　CSSのコード例②

```
.container {
    background-color: #eee;
    padding: 50px;
    text-align: center;
}
.centered {
    background: #ccc;
    border: 1px solid #333;
    height: 100px;
    width: 100px;
    display: inline-block;
}
```

リスト7-8と共通のスタイル

リスト7-8と共通のスタイル

7-2　実際に試してみよう

try/lesson7/7-1.htmlをリスト7-9のように変更して、編集前後の表示結果の変化を確認しましょう。

　2つのCSSコードを見てもらいましたが、それぞれのベースとなる考え方がまったく異なるのがわかるでしょうか？

　リスト7-8では、子要素.centeredの左右につくスペースを自動的に算出する（margin: auto;）ことによって中央に配置しています。

　この方法は.centeredの幅が明示されていることが前提となります。親要素.containerの幅から子要素を表示するのに必要な幅（100px）を除き、残りのスペースを左右に振り分けることで、結果的に中央に配置しています（図7-4）。

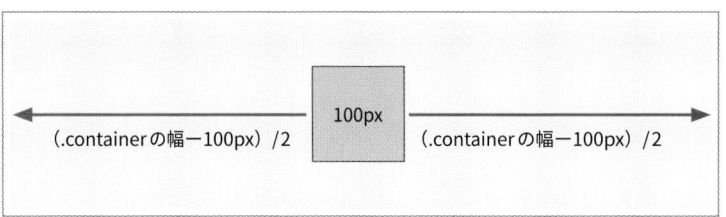

図7-4　コード例①のイメージ

　一方リスト7-9では、子要素.centeredの表示タイプをblockからinline-blockに変更することでインライン要素のようにふるまわせます。結果、親要素.containerに適用したtext-align: center;の影響で中央に配置しています（図7-5）。

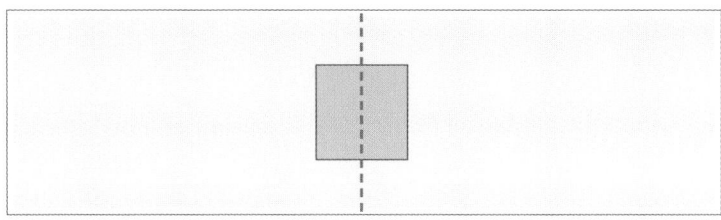

図7-5　コード例②のイメージ

　あなたはどちらの手法の意図が理解しやすかったでしょうか？　どちらかが「良い（悪い）」という話ではありません。CSSを記述する際には、自分の意図や目的が素直にコードに反映されていることが大切です。

　たとえ同じようなカンプのデザインだったとしても、いつも同じ手法を用いるのではなく、都度適切なものを選び取るようにしましょう。

### ▶ ポイント③シンプル・平易である

　どんなコードが難解でどんなコードが平易なのか簡単には定義できないのですが、ポイント②「意図を理解しやすい」で取り上げたのと同じデザインを再現する想定で、新たなCSSコードを2つ提示します（リスト7-10、リスト7-11）。見くらべてみてください。

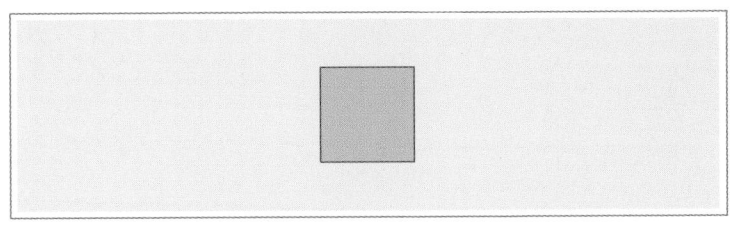

図7-6 このデザインを再現するために、どんなCSSを記述する？（再掲）

| リスト7-10 | CSS | CSSのコード例③ |

```
.container {
    background-color: #eee;
    padding: 50px;
    display: flex;
    justify-content: center;
}
.centered {
    background: #ccc;
    border: 1px solid #333;
    height: 100px;
    width: 100px;
}
```

リスト7-8と共通のスタイル

リスト7-8と共通のスタイル

**7-3 実際に試してみよう**

try/lesson7/7-1.htmlをリスト7-11のように変更して、編集前後の表示結果の変化を確認しましょう。

| リスト7-11 | CSS | CSSのコード例④ |

```
.container {
    background-color: #eee;
    height: 200px;
    position: relative;
```

リスト7-8と共通のスタイル

215

```
}
.centered {
    background: #ccc;
    border: 1px solid #333;           ┐
    height: 100px;                    ├── リスト7-8と共通のスタイル
    width: 100px;                     ┘
    left: 50%;
    position: absolute;
    top: 50%;
    transform: translate(-50%, -50%);
}
```

 **7-4** 実際に試してみよう

try/lesson7/7-1.htmlをリスト7-12のように変更して、編集前後の表示結果の変化を確認しましょう。

リスト7-10はFlexbox、リスト7-11はpositionプロパティを使ったレイアウトです。

Flexboxで配置するやり方は比較的シンプルといってよいでしょう。.containerをFlexコンテナーにすることで、子要素.centeredはFlexアイテムとしてふるまうことになるため、justify-content: center;の影響を受けて主軸の中央に配置されます（図7-7）。

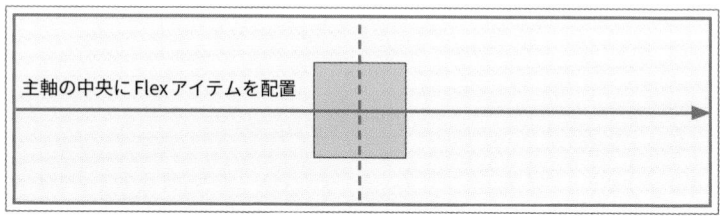

主軸の中央にFlexアイテムを配置

**図7-7** リスト7-10のイメージ

一方リスト7-11のpositionで配置する手法は人によっては「難解」と感じるかもしれません。子要素.centeredを上下左右の中央に配置するために、top（left）プロパティの値を50%にした上で、位置ずれを修正するためにtransformプロパティまで持ち出しています。この手法では親要素.containerの高さを固定する必要があるため、閲覧環境の違いに対応できない可能性がある点が気になります（図7-8）。

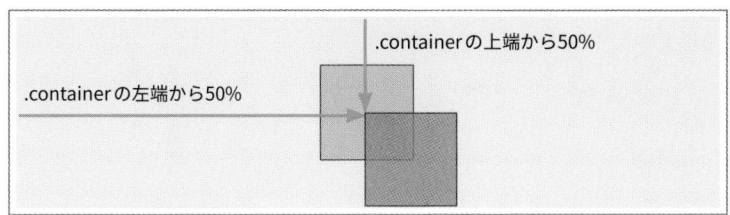

.containerの上端から50%

.containerの左端から50%

リスト7-11のイメージ

　「こんな単純なレイアウトをわざわざpositionで実装する人などいない」と思うかもしれませんが、こうした（無意味に）難解なコードを見かけるのは珍しいことではありません。「CSSを学びはじめた時期に、たまたま目にした」「学校で先生から習った」などきっかけはさまざまですが、身につけた手法を何気なく使い続けてしまうのは誰にでも起こり得ることなのです。

　だから、もしかするとあなたも「あの人は何でこんなにややこしいコードを書くんだろう？」と周囲から不思議がられているかもしれません。手癖に頼ったコーディングにならないよう、「本当にこのやり方がベストだろうか？」と自問自答する姿勢を忘れず、**「より洗練されたコードを書こう」という向上心を磨き続けることが大切**です。

### ▶ ポイント④運用者のコーディングスキルを考慮している

　サイトを制作するのはプロのクリエイター、しかし運用はクライアントの社員が担当する。こうした案件では、なおのこと意図が伝わりやすく平易な手法が求められるのですが、さらにもう一歩踏みこんで制作に携わることで、よりよいサイト運営に貢献できるかもしれません。

　たとえばセレクタの書き方1つとっても、工夫できるポイントはあります。:first-childなど、要素の順番を表す疑似セレクタはプロのクリエイターにとっては便利な存在ですが、class/idセレクタや子孫セレクタしか知らない人が見たら何のことか理解できないかもしれません。子供セレクタ（>）や隣接兄弟セレクタ（+）などの結合子も、見慣れない人からするとギョッとする原因になります。

　疑似セレクタや結合子を使わないようにするには、class名を付加するなどして要素を区別しなくてはいけません。命名コストこそ生じてしまいますが、それによって運用担当者がストレスなく作業できるのであれば前向きに検討してもよいでしょう。

　他にも.red-txt（テキストを赤くする）のように、レンダリング結果を直接表すclass名をつけることで、運用担当者をサポートすることも可能です。クリエイターの中では「あまりよくない」とされるテクニックだとしても、そのおかげで運用担当者がスムーズに作業できるのなら一考の価値はあります。

講師としてたくさんのコードに接していると、時々「何これ、斬新！」と驚かされることがあります。たとえばデザインカンプを再現する課題に対して提出されるコードの多くは、いくつかあるパターンのどれかしらに分類できます。しかし、中には想像の斜め上をいく考え方にもとづいてマークアップしている人や、突飛な（に見える）手法でレイアウトしている人が一定数いるのです。

規格外のコードを目にしたとき、講師の立場で「珍しい＝間違い」と言い切るのはできるだけ避けるようにしています。でも制作者の立場で考えると「みんなが思いつくやり方＝正義」ということになります。制作や運用はチームで行うことが多いですからね。

では「一般的なマークアップ」や「一般的なデザイン実装方法」を知るにはどうすればよいのでしょうか？　一見遠回りなようですが、とにかくたくさんのコードを見るのが一番の近道だと思います。もし状況が許せば、学校や社内の仲間うちでコードレビューし合う場を設けられたら最高ですね。他人のコードを真剣に読み解くのはもちろん、「なぜこういうコードを書いたの？」と質問されたときにきちんと答えられるよう、緊張感を持って自分のコードを見直せるよい機会になります。

身近な人たちとの「コードレビュー会」を開催するのが難しければ、自分1人でかまわないので適当なWebページのコードを分析してみてください。赤の他人が書いたコードであっても、きっと新たな発見や学びに出会えるはずです。

# 7　2　開発者向けツールを活用する

> できるだけ「よいコード」になるよう HTML と CSS 全体を見直してみたんですが、コードを目視するのは大変でした

> それなら、ブラウザの「開発者向けツール」を使えば楽に作業できたかも……

> ええっ、何ですかそれ。早く教えてくださいよ〜

> キャー！　ごめんなさい！！

ほとんどの Web ブラウザに搭載されている開発者向けのツール。ブラウザによって「デベロッパーツール」「Web 開発ツール」など呼び方はさまざまですが、いずれもコードの品質を検証したり不具合を調整する作業を強力にサポートしてくれます。

ここでは、Chrome のデベロッパーツールをベースに話を進めます。デベロッパーツールを起動するには、**Web ページを表示した状態で右クリックし、コンテクストメニューから「検証」を選択してください**（図7-9）。

ショートカットキーも用意されています。Windows なら［Ctrl］＋［Shift］＋［I］、MacOS なら［Command］＋［Option］＋［I］で起動しましょう。

> 開発者向けツールは、他のサイトを研究するときにも便利に使えます。さまざまな用途でしょっちゅう起動することになるので、ショートカットキーは是非覚えておきましょう

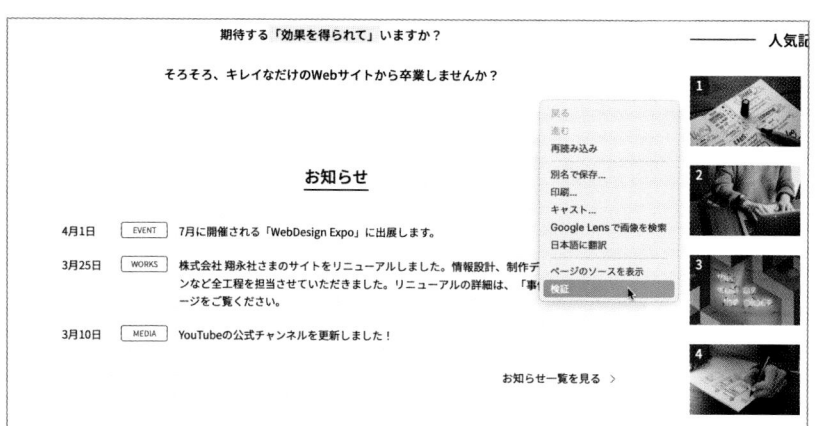

**図7-9** デベロッパーツールはいろいろな方法で起動できる

## HTML を検証する

では最初に、HTMLの不要なコードを探して修正してみましょう。ここでの「不要なコード」とは、記述する意味のない要素や役割を持たない要素を指します。

「デザイン再現のために必要だと思って記述したdivタグだけど、結果的にCSSのセレクタとして利用しなかった」というのはよくあることです。しかし、こうした不要なコードを見つける際にいちいちHTMLとCSSを照らし合わせて確認するのは面倒ですよね。デベロッパーツールを使えば、このような検証を効率的に進められます。下図のように、ブラウザ上で任意の要素を選択すると、.leadtext__contentにスタイルがまったく適用されていないことがわかります（図7-10）。

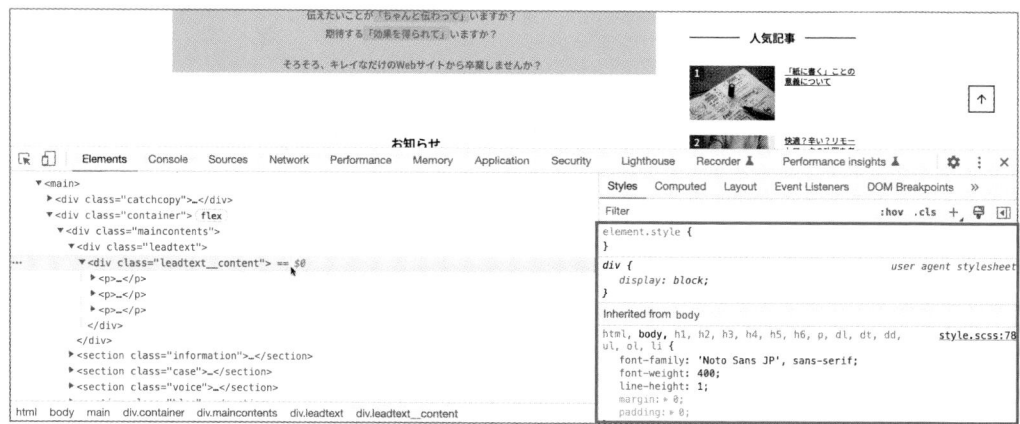

**図7-10** .leadtext__contentをセレクタとしたCSSルールセットは存在しないことがわかった

ただし.leadtext__contentの子要素pのスタイルが.leadtext__content pというセレクタで指定されていたら要注意です。.leadtext__content（divタグ）を削除した途端、p要素にスタイルが適用されなくなってしまうからです。

　そこで一時的にHTMLタグを削除して、表示結果に変化が起こるかどうか検証してみましょう。デベロッパーツールはHTMLを編集することもできます（図7-11、図7-12）。

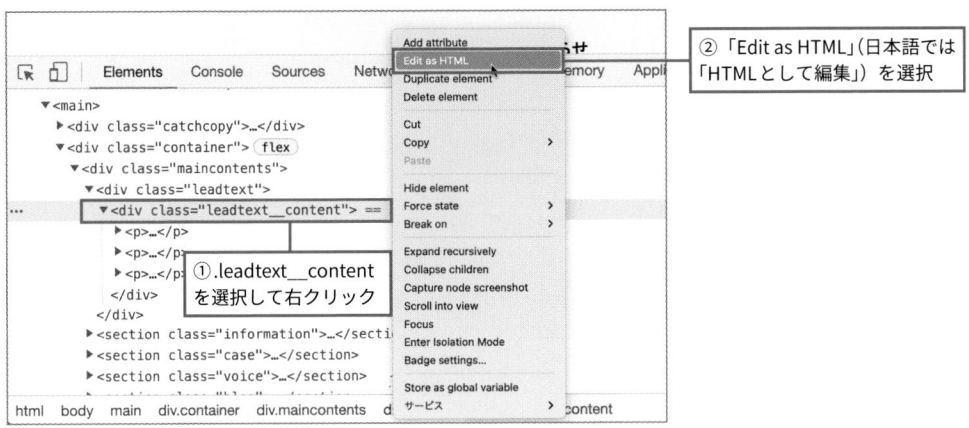

**図7-11** HTMLを編集できる状態にする

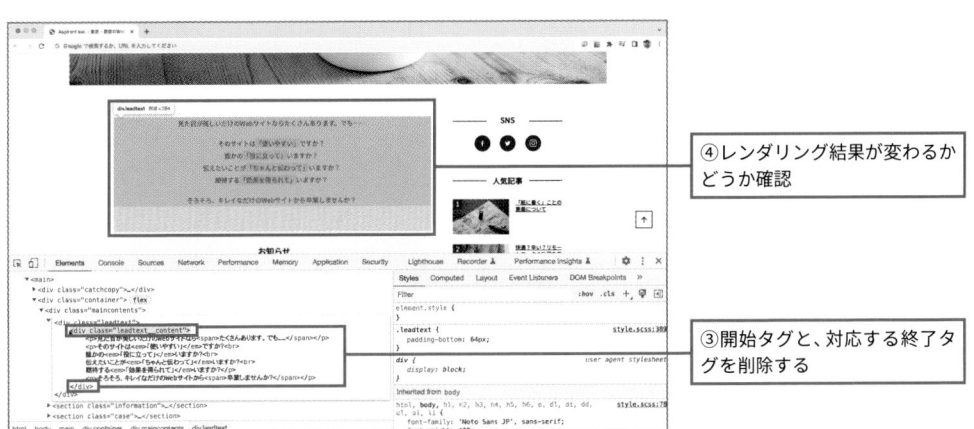

**図7-12** タグを削除してレンダリング結果に変化があるか確認する

　「HTMLとして編集」機能を使えば、文字数が増減したときのレイアウトも手軽にチェックできます（図7-13）。

デベロッパーツール上で
ダミーのテキストを入力

図7-13 文字数の増減によるレイアウトの崩れを確認する

## CSSを検証する

CSSの重複箇所も、開発者向けツールを使うと効率的に確認できます。打ち消し線が引かれている宣言（プロパティと値の組）があれば、そのスタイルは無効です（図7-14）。「他で記述された宣言によって上書きされています」という意味なので、問題がないようなら削除してしまいましょう。

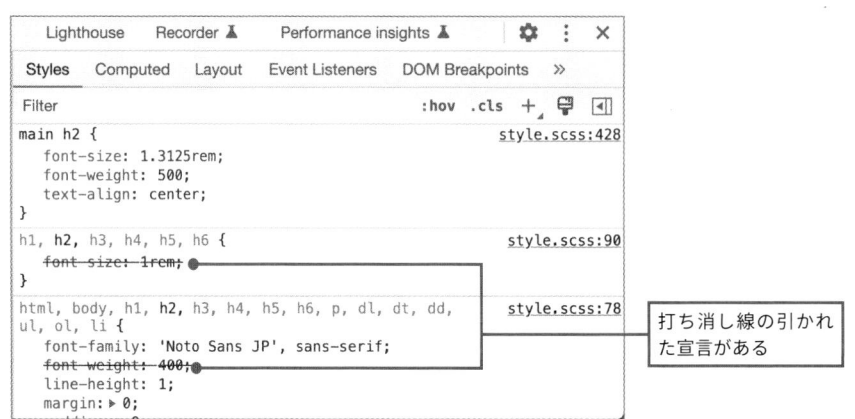

打ち消し線の引かれた宣言がある

図7-14 h2要素に適用された宣言のいくつかに打ち消し線が引かれている

「これは必要ないかも」と思う宣言があれば、チェックボックスをオフにすることで一時的に無効にできます（図7-15）。その宣言があってもなくてもレンダリング結果が変わらないようなら、削除候補に入れましょう。

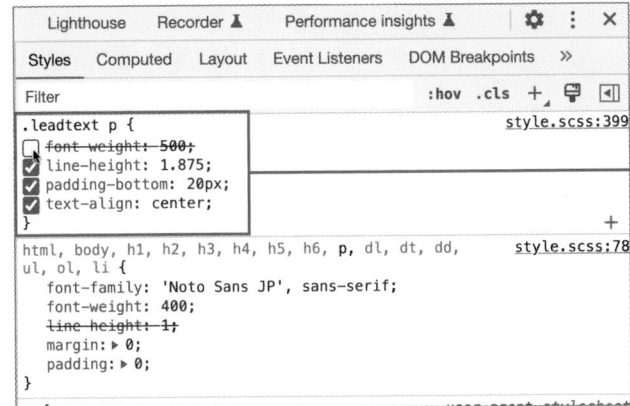

チェックボックスで宣言
を一時的に無効化できる

図7-15 チェックボックスで宣言が必要かどうか確認する

{ のうしろのスペースをダブルクリックして、CSS の宣言を
新たに追加することもできます。開発者向けツール上でコー
ドを完成させて、それを CSS ファイルにコピー＆ペーストす
る作業フローを取り入れると、より効率的に CSS をコーディ
ングできます

# 7 3 Sassをはじめる

先輩、「さす」を教えてください

さす……？　ああ、Sassね！

イマドキは「CSSよりSass」なんですよね。あっ、もしかして今回のプロジェクトも最初からSassで書くべきだったんでしょうか？　しまった……

大丈夫。完成済みのCSSを使ってSassを覚えることもできるよ！

　「たった数ページで構成された小規模サイトなのに、CSSが数千行に及んでいる」なんてことは珍しくはありません。文字の色をちょっと変更したいだけなのに、膨大なCSSコードの中から該当箇所を探すのに手間取った経験がある人も多いのではないでしょうか。そういう意味では、CSSは「出来のよい言語」とはいえないかもしれませんね。

　Sassは、CSSを拡張したスタイルシート言語です。「ネスト」や「変数」などCSSにはない便利な機能を備えているため、より効率的にスタイルを定義できます。多くの制作現場で当たり前のように利用されているので、基本だけでもマスターしておきましょう。

　なお、Sassには「インデント構文」と「SCSS構文」という2種類の書き方があるのですが、一般的にはSCSS構文が用いられるケースが多いので、ここではSCSS構文を解説していきます。SCSS構文で記述されたSassファイルの拡張子は.scssです。うっかり.sass拡張子で保存すると「インデント構文」を求められるので気をつけてください。

## Sassの基本

SCSS構文はCSSとほとんど同じです。新たに覚えなくてはいけないことは多くありません。また、すべての機能を使わなくても大丈夫。一部の基本的な機能だけでも、きっと「Sassって便利！」と感じられるはずです。

「Sassを覚えたいけど苦手意識がある」という方は、ひとまず真っ白な.scssファイルを新規作成して、いつもと同じようにCSSを書いていきましょう。もし、すでに完成済みのCSSコードがあるのなら.scssファイルにコピー＆ペーストするところからはじめてください。

CSSを部分的にSassに書き換えていくうちに、Sassならではの記述方法や機能の使い方が自然と身についていきます。

## Sass→CSS変換

Sassの導入にあたってちょっとした難関となるのが、SassをCSSに変換するための実行環境の準備です。といっても、専用のアプリやエディター（Visual Studio Codeなど）のプラグインを使えば簡単です。「Sass 変換」といったキーワードで検索すればさまざまなツールが見つかるので、気に入ったものを試してみてください（図7-16）。なお、Sassの実行環境にはいくつかの種類があります（表7-1）。実行環境によって使える機能が違ったり、記法が少々異なったりする場合があるので、自分が準備したツールがどのSassをベースにしているのか確認しておきましょう。なお、本書で紹介するのはDart Sassの機能・記法です。

図7-16 Sassの公式サイトの実行環境案内ページ
　　　参照元:https://sass-lang.com/install

表7-1 Sassの実行環境

| 実行環境 | 特徴 |
|---|---|
| Ruby Sass | Ruby言語で作成された最初のSass。2019年3月にて公式サポート終了 |
| LibSass | 公式には「非推奨」とされているが、制作現場では一定のシェアを保っている |
| Dart Sass | Dart言語で作成された最新の実行環境 |

テキストエリアに Sass コードを貼りつけると CSS に変換してくれるオンラインサービスもある
のですが、業務で使うには不向きです。コードを変更するたびにブラウザにコピー＆ペーストする
のは、現実的ではありません。.scss ファイルを上書き保存するタイミングで自動的に CSS に変換
してくれる、「監視」と呼ばれる機能を使わないと仕事にならないため、オンラインではなくロー
カル環境で動作するツールを選びましょう。

もしコマンドラインに抵抗がなければ、「PowerShell」（Windows）や「ターミナル」（MacOS）
で Sass を利用することも可能です。慣れてしまえば、もっとも簡単でスピーディーなのがコマン
ドラインによる変換です（図7-17）。

実は Sass → CSS の変換のみならず、コマンドラインで実行できる、クリエイター向けの便利ツー
ルはたくさんあります。「コマンドラインなんて難しくて無理」と決めつけず、積極的に取り組ん
でみると新しい世界が開けるかもしれませんよ。

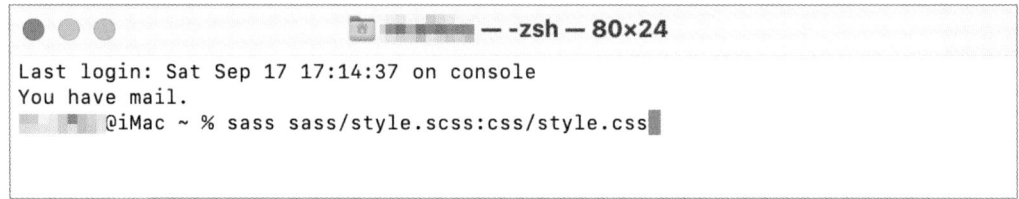

**図7-17** MacOS の「ターミナル」で変換のコマンドを入力したところ

## ネスト

Sass にチャレンジするなら、まずネストからはじめましょう。

以下の Sass コードは一見 CSS っぽいのですが、よく見るとネスト（入れ子構造）になっています（リ
スト7-12）。このように { と } の間に記述されたセレクタは、CSS に変換する際に**外側のセレクタと
結合され、子孫セレクタとして出力されます**（リスト7-13）。

| リスト7-12 | Sass | HTMLの構造に合わせてネストの形で記述した |
| --- | --- | --- |

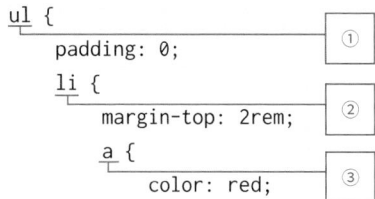

```
ul {
    padding: 0;               ①
    li {
        margin-top: 2rem;     ②
        a {
            color: red;       ③
```

```
        }
    }
}
```

リスト7-13　　CSS　　変換後のCSSコード

```
ul {
    padding: 0;            ①
}
ul li {
    margin-top: 2rem;      ②
}
ul li a {
    color: red;            ③
}
```

　ネスト機能を使うとclass/id名を何度も記述しなくて済むので、ケアレスミスがぐっと減ります。なお、レスポンシブ対応するための@mediaルールをネストの形で記述した場合には、自動的に@mediaルールが外側に出力されます（リスト7-14、リスト7-15）。

リスト7-14　　Sass　　@mediaルールをネストの形で記述した

```
#header-area {
    .container {
        border-top: 30px solid #480c48;
        @media (max-width: 768px) {
            border-top: none;
        }
    }
}
```

リスト7-15　　CSS　　変換後のCSSコード

```
#header-area .container {
    border-top: 30px solid #480c48;
}
@media (max-width: 768px) {
    #header-area .container {
```

7

ワンランク上のコーディングを目指す

227

```
        border-top: none;
    }
}
```

　ネストで注意したいのは、**構造が深くなりすぎないようにする**ことです。調子に乗って構造を深くしていくと、CSS変換後のセレクタが思いがけず長くなってしまうため、場合によっては保守が困難になる可能性があります（リスト7-16、リスト7-17）。変換後のセレクタがどうなるかイメージしながらネストするよう心がけましょう。

リスト7-16　Sass　①疑似セレクタや疑似要素など、半角スペースが不要な場合はセレクタの先頭に&を記述する

```
#header-area {
    .container {
        > h2 {
            +p {
                span {
                    a {
                        &:hover {                    ─① 
                            em {
                                font-weight: bold;
                            }
                        }
                    }
                }
            }
        }
    }
}
```

リスト7-17　CSS　変換後のCSSコード（結果的にセレクタの詳細度が高くなってしまっている）

```
#header-area .container > h2 + p span a:hover em {
    font-weight: bold;
}
```

## 変数

　よく使うカラーコードや数値を変数に登録（代入）しておくことで、効率的に使い回すことができます。登録方法は簡単で、まず $ ではじまる変数名を宣言してから、:のうしろに登録したい値を記述します（リスト7-18、リスト7-19）。わかりやすい変数名をつけておくことで、「あの色は何だっけ？」といちいちコードをさかのぼってカラーコードを探したり、間違った値をコピー＆ペーストしてしまう失敗を防ぐことができます。

リスト7-18　　CSS　　カラーコード #480c48 がくり返し記述されている

```
header {
    border-top: 30px solid #480c48;
}
.information__tag span {
    border: 1px solid #480c48;
    color: #480c48;
}
```

リスト7-19　　Sass　　#480c48 を keycolor という変数に登録して使い回している

```
$keycolor: #480c48;
header {
    border-top: 30px solid $keycolor;
}
.information__tag span {
    border: 1px solid $keycolor;
    color: $keycolor;
}
```

　カスタムプロパティを使えばCSSでも同じようなことができますが、Sassのほうが変数をより直感的に扱えます（リスト7-20）。

リスト7-20　　CSS　　カスタムプロパティはSassと比べると冗長な印象

```
:root {
    --keycolor: #480c48;
}
```

```
header {
    border-top: 30px solid var(--keycolor);
}
.information__tag span {
    border: 1px solid var(--keycolor);
    color: var(--keycolor);
}
```

　カラーコードを変数として登録しておくと、もう一歩踏みこんだSassの機能を使うことができます。例として、16進数で登録したカラーコードをrgba()関数に変換する方法を紹介しましょう（リスト7-21、リスト7-22）。「ホバーしたときに文字の色をちょっと薄くして」といった大ざっぱなオーダーを受けたときに、デザインカンプの作り直しを待たずに実装できるので便利です。

リスト7-21　　Sass　　$keycolorの透明度を75%にしたカラーコードを$hover-colorに登録している

```
$keycolor: #480c48;
$hover-color: rgba($keycolor, .75);

a:hover {
    color: $hover-color;
}
```

リスト7-22　　CSS　　変換後のCSSコード（rgba()関数によるカラーコードが出力されている）

```
a:hover {
    color: rgba(72,12,72,.75);
}
```

## パーシャル

　「パーシャル」とは、CSSをモジュール化するための機能です。「ヘッダー部分のスタイル」「サイト全体に共通のスタイル」「会社概要カテゴリーのページだけに必要なスタイル」のように、CSSファイルを分割して作成しておけば、後から編集するときに該当箇所を見つけやすくなるなどメンテナンス性が大いに高まります。ただ、HTMLに複数のCSSを読み込もうとすると、サーバーへのリクエストがCSSファイルの数だけ発生してしまいます（リスト7-23）。

```
<link href="./css/header.css" rel="stylesheet">
<link href="./css/footer.css" rel="stylesheet">
<link href="./css/common.css" rel="stylesheet">
<link href="./css/about.css" rel="stylesheet">
```

　リクエスト数はできるだけ少ないほうがサーバーへの負担軽減になりますし、ページの読み込み
速度アップも期待できます。そこで、モジュールとして扱いたいCSSはSassのパーシャルファイ
ルにしてしまいましょう。パーシャル機能を使えば、パーシャルファイルを別のSassファイルに
読み込む（結合する）ことができます。

　準備は簡単、**パーシャルファイルのファイル名の先頭にアンダースコアをつけて拡張子を.scss
に変更するだけ**です。

　名前の先頭にアンダースコアがついたファイルは自動的にパーシャルファイルと見なされるため、
CSSファイルとして出力されません。「読み込まれる専用のファイル」と認識されます。

　パーシャルファイルを読み込む際には@useルールを宣言し、そのうしろに読み込みたいファイ
ル名を記述します。この際、**ファイル名先頭のアンダースコアと拡張子は不要**です。

　複数のパーシャルファイルをまとめて、CSSファイルを1つだけ出力するようにすれば、HTML
に紐づけなくてはいけないCSSファイルの数をぐっと抑えることができます（図7-18）。

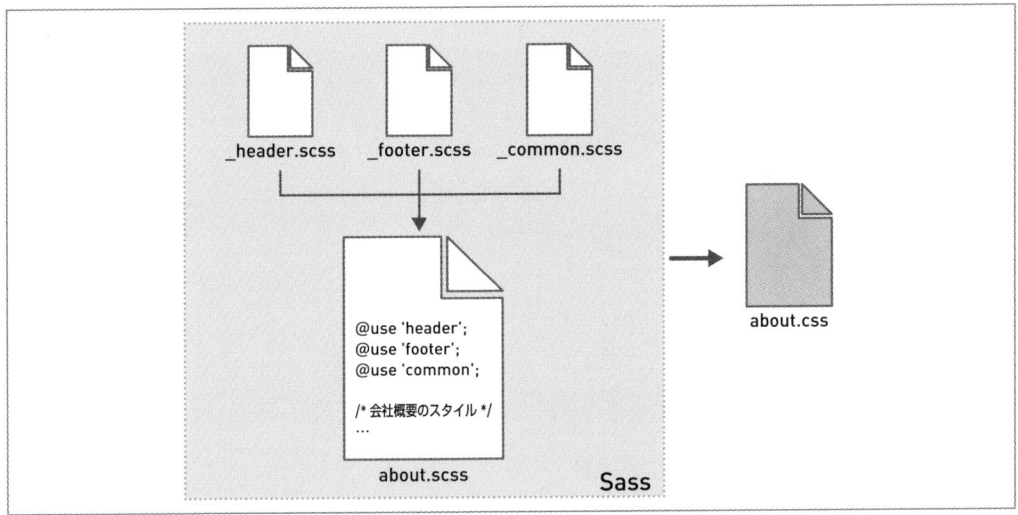

図7-18　3つのパーシャルファイルを読み込んで、最終的に「about.css」というファイルを1つだけ生成する

パーシャルファイルの中に記述された変数を読み込み先で利用する必要があったら、以下のように記述してください（リスト7-24）。このサンプルは、パーシャルファイル「_header.scss」に記述された変数 $link-color を「about.scss」の中で使用する想定です。変数名の前に、**パーシャル名とドット（.）を記述している**点に注目してください。

リスト7-24　Sass　「about.scss」のコード（「_header.scss」で定義された $link-color を使用している）

```
@use 'header';
a {
    color: header.$link-color;
}
```

> パーシャル名（名前空間）を明示することで、「どのパーシャルで定義された変数か」を正確に指定できる

Sassの実行環境によって、パーシャルの読み込み方は異なります。実行環境が「LibSass」の場合は、@useではなく@importルールでパーシャルを読み込むことになっているので気をつけてください。ただし@importルールはいずれ廃止される予定です。これからSassを勉強するのであれば、実行環境は「Dart Sass」、パーシャルの読み込みには@useを用いるようにしましょう。

@useルールを使うと、パーシャルの読み込みだけでなくSassの「ビルトインモジュール」を利用することもできます。ビルトインモジュールとは、Sassに用意されている便利機能です。たとえば「sass:color」というビルトインモジュールを使うと、「明度を10%下げる」や「グレースケールに置き換える」といった色の操作を簡単に行えます（リスト7-25、リスト7-26、図7-19）。

リスト7-25　Sass　「sass:color」というビルトインモジュールを使用した例

```
@use "sass:color";
$keycolor: #480c48;

.alert {
    background-color: color.scale($keycolor, $lightness: 70%, $saturation: -20%);
}
```

> $keycolorを70%明るくして彩度を20%下げた

リスト7-26　CSS　変換後のCSSコード

```
.alert {
    background-color: #e49be4;
}
```

#480c48

#e49be4

図7-19 Sassのビルトインモジュールによって、指定どおりのカラーコードが生成された

　Sassでやれることは他にもたくさんありますが、ここで紹介した基本の機能だけでも十分にメリットを享受できるはずです。Sass→CSS変換の環境さえ準備できれば、あとはいつもどおりCSSをコーディングしてもかまいません。「気が向いたときだけネストで記述してみる」「同じカラーコードを何度も記述していることに気づいたので、変数に置き換えてみる」のように、少しずつSassに慣れていきましょう。いずれ「これは便利だぞ！」と実感できたら、そのとき初めて真剣に習得すればよいのです。まずははじめることが重要です。

7-5 Sass変換をしてみよう

Lesson6の「LET'S TRY」6-6で作成したCSSをSassに変更しましょう。try/lesson7/7-5にあるファイルを使用してもOKです。Sassの実行環境を準備できなかったら、https://www.sassmeister.com/などのオンラインサービスを使ってSass→CSSに変換できます。「SCSS」エリアに自分が書いたSassのコードを貼りつけて編集すると、変換後のCSSコードが「CSS」エリアに出力されます（図7-A）。

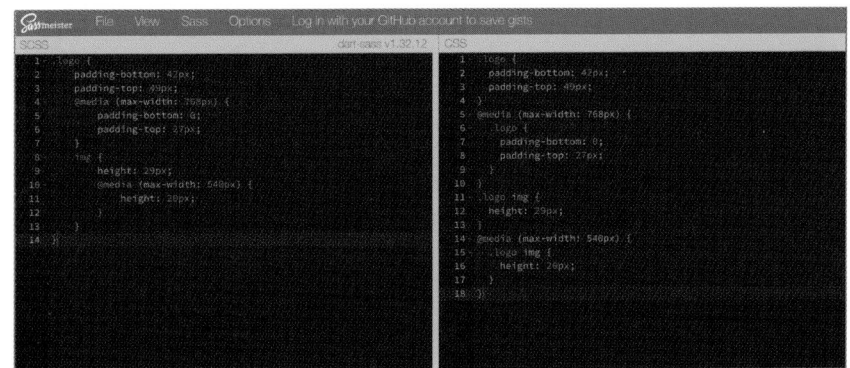

図7-A Sassコードを編集するとリアルタイムでCSSに変換される

解答例は246ページへ

ワンランク上のコーディングを目指す

# Let's TRY の解答例

## Lesson 2

2-1

```
<!DOCTYPE html>
<html lang="ja">
<head>
<meta charset="UTF-8">
<meta http-equiv="X-UA-Compatible" content="IE=edge">
<meta name="viewport" content="width=device-width, initial-scale=1.0">
<title>Aspirant Inc.</title>
</head>
<body>
<header>
    <h1>Aspirant Inc.</h1>
    <nav>
        <ul>
            <li> お知らせ </li>
            <li> 会社情報 </li>
            <li> 事例紹介 </li>
            <li> お客さまの声 </li>
            <li>Blog</li>
            <li> お問い合わせ </li>
            <li> 求人情報 </li>
        </ul>
    </nav>
</header>
<main>
    <p> キレイなだけの Web サイトで満足ですか？ </p>
    <p> 見た目が美しいだけの Web サイトならたくさんあります。でも……</p>
    <p> そのサイトは <em>「使いやすい」</em> ですか？ <br>
    誰かの <em>「役に立って」</em> いますか？ <br>
    伝えたいことが <em>「ちゃんと伝わって」</em> いますか？ <br>
    期待する <em>「効果を得られて」</em> いますか？ </p>
    <p> そろそろ、キレイなだけの Web サイトから卒業しませんか？ </p>
    <section>
```

```
    <h2> お知らせ </h2>
    <ul>
        <li>4 月 1 日 EVENT 7 月に開催される「WebDesign Expo」に出展します。</li>
        <li>3 月 25 日 WORKS 株式会社 翔永社さまのサイトをリニューアルしました。情報設計、
制作ディレクションなど全工程を担当させていただきました。リニューアルの詳細は、「事例紹介」ページ
をご覧ください。</li>
        <li>3 月 10 日 MEDIA YouTube の公式チャンネルを更新しました！</li>
    </ul>
    お知らせ一覧を見る
</section>
<section>
    <h2> 最新の事例 </h2>
    <dl>
        <dt> 株式会社翔永社さま </dt>
        <dd> コーポレートサイトのリニューアルをご依頼いただきました。運用のしやすさなど、
さまざまな面からご提案しました。</dd>
        <dd> 事例詳細を見る </dd>
    </dl>
    <dl>
        <dt> 株式会社 KICKS さま </dt>
        <dd> オンラインショップ開設のため、カートシステムの選定からショップ構築までお手伝
いさせていただきました。</dd>
        <dd> 事例詳細を見る </dd>
    </dl>
</section>
<section>
    <h2> お客さまの声 </h2>
    <p>「会社の業務内容をもっと分かりやすく伝えたい」という目的のため、コーポレイトサイト
のリニューアルをお願いしました。何度もヒヤリングしてもらったおかげで、弊社の強みをお客さまにしっ
かりお伝えできるサイトができあがったと思います。<br>
        デザインなども、こちらが気づかないような細かいところまで手を抜かずに制作していただいた
ので、最後まで安心して任せられました。<br>
        Aspirant さんは動画制作にも強いと聞いたので、今度は弊社製品の紹介動画をお願いしようと
思っています（笑）</p>
    <dl>
        <dt>nanaroku 株式会社　上野キミーさま </dt>
        <dd> 写真：上野キミーさま </dd>
    </dl>
    詳細を見る
</section>
<section>
    <h2>Blog</h2>
    <dl>
```

```
        <dt> 作り込まれたワイヤーフレームからデザインを起こすときの注意点 </dt>
        <dd>202x.04.05</dd>
        <dd> 富樫けい子 </dd>
        <dd>
            <ul>
                <li> デザイン </li>
                <li>UI</li>
            </ul>
        </dd>
    </dl>
    <dl>
        <dt> 見出しのスタイルに使う CSS、汎用性を上げるための 5 つのポイント </dt>
        <dd>202x.03.29</dd>
        <dd> 赤坂マサミ </dd>
        <dd>
            <ul>
                <li>HTML/CSS</li>
            </ul>
        </dd>
    </dl>
    <dl>
        <dt> 意外と深い！？「句読点」の話 </dt>
        <dd>202x.03.06</dd>
        <dd> 小嶋航平 </dd>
        <dd>
            <ul>
                <li> ライティング </li>
                <li>SEO</li>
            </ul>
        </dd>
    </dl>
    <section>
        <h3> 人気記事 </h3>
        <ol>
            <li>「紙に書く」ことの意義について </li>
            <li> 快適？辛い？リモートワークの功罪を考える </li>
            <li> 肩書きにこだわらず、自分らしい立ち位置を見つけよう </li>
            <li>UI って難しい！新人デザイナーが抱える 5 つの悩み </li>
            <li> 弊社スタッフのデスク周り、全部見せます！ </li>
        </ol>
    </section>
</section>
```

```
    <section>
        <h2>SNS</h2>
        <ul>
            <li></li>
            <li></li>
            <li></li>
        </ul>
    </section>
</main>
<footer>
    <p>Copyright © 2003 Aspirant Inc. All rights reserved.</p>
</footer>
</body>
</html>
```

あくまでも解答例なので、同じでなくても大丈夫。ただ「なぜそのタグをつけたの？」と聞かれたときに自信を持って理由を説明できるようにしておきましょう。情報ができるだけ正しく伝わるよう、一つ一つのタグをしっかり検討しながらマークアップする姿勢が大切です

## Lesson 4

**4-2**

```
<!DOCTYPE html>
<html lang="ja">
<head>
<meta charset="UTF-8">
<meta http-equiv="X-UA-Compatible" content="IE=edge">
<meta name="viewport" content="width=device-width, initial-scale=1.0">
<title> 猫の体 </title>
<style>
p {
    font-size: 1.5rem;
    margin: 0;
}
div {
```

```
    border: 4px solid crimson;
    display: flex;
    margin: 100px auto;
    padding: 20px;
    width: 500px;
}
img {
    height: auto;
    margin-bottom: 5px;
    margin-left: 20px;
    margin-top: 5px;
    order: 2;
    width: 230px;
}
p {
    order: 1;
}
</style>
</head>
<body>
<div>
    <img src="eye.jpg" alt=" 写真：目 ">
    <p> 顔の面積に対して目の大きさがかなり大きい。そのため、暗い場所でも物を見ることができる。
</p>
</div>
</body>
</html>
```

div 要素を Flex コンテナーにして、img と p 要素を（Flex ア
イテムとして）レイアウトします。p 要素を左に配置するには、
flex-direction: row-reverse; を適用する方法以外に、この解
答例のように order プロパティ（102 ページ）を使う方法も
あります

**4-10**　**Flexbox で実装した場合**

```
* {
    box-sizing: border-box;
}
```

```
.information {
    margin: auto;
    width: 700px;
    font-family: 'Noto Sans JP', sans-serif;
}
.information__list {
    padding: 0;
    list-style: none;
}
.information__list a {
    text-decoration: none;
    color: #000000;
}
.information__list a:hover,
.information__list a:focus {
    color: #621862;
}
.information__date,
.information__tag,
.information__summary {
    padding-bottom: 20px;
}
.information__date {
    font-size: .875rem;
    line-height: 1.6;
}
.information__tag {
    font-size: .625rem;
    line-height: 1;
    color: #480c48;
}
.information__tag span {
    display: block;
    margin-top: 2px;
    padding: 4px 0;
    border: 1px solid #480c48;
    border-radius: 3px;
    text-align: center;
    white-space: nowrap;
}
.information__summary {
    padding-left: 15px;
```

```
        font-size: .875rem;
        line-height: 1.6;
    }
    .information__item {
        display: flex;  ————————— flexコンテナーにする
        align-items: flex-start;  ———————————— 上揃いで配置する
    }
    .information__date {
        width: 5.5em;  ————————— 幅を指定
        flex: 0 0 auto;  ———————————— width値で固定する
    }
    .information__tag {
        width: calc(5em + 8px);  ————— 幅を指定
        flex: 0 0 auto;  ———————————— width値で固定する
    }
```

 ここでは Flexbox を使った実装方法を紹介していますが、カンプを再現するための方法は他にも考えられます。index.html の 11-13 行目を変更して適用する CSS ファイルを切り替えると、他の手法によるレンダリング結果を確認できます。それぞれの CSS ファイルにコメントが書かれているので、そちらも参照してください

## Lesson 5

**5-8**

```
body, dl, dt, dd, ul {
    margin: 0;
    padding: 0;
}
img {
    max-width: 100%;
}
.blog {
    font-family: 'Noto Sans JP', sans-serif;
    width: 808px;
```

```
}
/* この下に CSS を追加してください */
.blog-recent {
    display: flex;
    gap: 32px;
}
.blog-recent a {
    color: #000000;
    flex: 1;
    text-decoration: none;
}
.blog-recent a:hover,
.blog-recent a:focus {
    color: #621862;
}
.blog__item {
    border-bottom: 1px solid #bbbbbb;
    border-top: 3px solid #000000;
    display: flex;
    flex-direction: column;
    height: 100%;
}
.blog__title {
    font-size: 0.9375rem;
    line-height: 1.73;
    order: 3;
    padding-bottom: 16px;
    padding-top: 14px;
    text-decoration: underline;
}
.blog__image {
    order: 1;
    padding-top: 8px;
}
.blog__date {
    color: #666666;
    font-size: 0.75rem;
    order: 2;
    padding-top: 14px;
}
.blog__author,
.blog__tag {
```

dt/dd 要素の順序を入れ替えるため、dl 要素を Flex コンテナーにする

主軸の向きを上→下に変更する

```css
        background-position: 0 center;
        background-repeat: no-repeat;
        background-size: 16px 16px;
        border-top: 1px dotted #bbbbbb;
        color: #000000;
        font-size: 0.75rem;
        min-height: 16px;
        padding: 6px 5px 6px 30px;
}
.blog__author {
        background-image: url(./icn_author.png);
        margin-top: auto;
        order: 3;
}
.blog__tag {
        background-image: url(./icn_tag.png);
        order: 4;
}
.blog__tag ul {
        display: flex;
        list-style: none;
}
.blog__tag li+li::before {
        content: " ／ ";
}
```

リスト項目の区切り記号を
CSSで表示する

3つの要素（.blog-recent、.blog__item、.blog__tag ul）を
Flex コンテナーにしてレイアウトしました。もしアイコンを
疑似要素として表示するのであれば、Flex コンテナーをさら
に増やすことになるかもしれません。もちろん、Flexbox で
はなく CSS Grid でレイアウトしてもかまいません。頭を柔
らかくして、他にどんなやり方があるか考えてみてください

```
body, dl, dt, dd, ul {
    margin: 0;
    padding: 0;
}
img {
    max-width: 100%;
}
.blog {
    font-family: 'Noto Sans JP', sans-serif;
    width: 808px;
}

.blog-recent {
    display: flex;
    gap: 32px;
}
.blog-recent a {
    color: #000000;
    flex: 1;
    text-decoration: none;
}
.blog-recent a:hover,
.blog-recent a:focus {
    color: #621862;
}
.blog__item {
    border-bottom: 1px solid #bbbbbb;
    border-top: 3px solid #000000;
    display: flex;
    flex-direction: column;
    height: 100%;
}
.blog__title {
    font-size: 0.9375rem;
    line-height: 1.73;
    order: 3;
    padding-bottom: 16px;
}
```

```css
        padding-top: 14px;
        text-decoration: underline;
    }
    .blog__image {
        order: 1;
        padding-top: 8px;
    }
    .blog__date {
        color: #666666;
        font-size: 0.75rem;
        order: 2;
        padding-top: 14px;
    }
    .blog__author,
    .blog__tag {
        background-position: 0 center;
        background-repeat: no-repeat;
        background-size: 16px 16px;
        border-top: 1px dotted #bbbbbb;
        color: #000000;
        font-size: 0.75rem;
        min-height: 16px;
        padding: 6px 5px 6px 30px;
    }
    .blog__author {
        background-image: url(./icn_author.png);
        margin-top: auto;
        order: 3;
    }
    .blog__tag {
        background-image: url(./icn_tag.png);
        order: 4;
    }
    .blog__tag ul {
        display: flex;
        list-style: none;
    }
    .blog__tag li+li::before {
        content: " / ";
    }
    @media (max-width: 807px) {
        .blog {
```

```
        width: auto;
    }
    .blog-recent {
        flex-wrap: wrap;
    }
    .blog-recent a {
        flex: 0 1 auto;
        width: calc((100% - 32px) / 2);
    }
}
@media (max-width: 575px) {
    .blog-recent {
        flex-direction: column;
        gap: 48px;
        padding: 0 40px;
    }
    .blog-recent a {
        width: 100%;
    }
}
```

もしビューポート幅が .blog の幅（808px）よりも小さかったら横スクロールが発生してしまうので、それを避けるためにブレイクポイントを設けました。ビューポート幅が 807px 以下だったら .blog の幅の固定を解除し、折り返しを許可した上で .blog-recent a が 2 カラムで配置されるようにしています。ビューポート幅がさらに狭かったら（575px 以下）、2 カラムをやめてシングルカラムでレイアウトします。解答例で実装しているのは最低限の調整なので、もっと見やすく使いやすいレイアウトになるよう、きめ細やかなレスポンシブ対応にチャレンジしてください

# Lesson 7

```scss
$black: #000000;
$lightgray: #bbbbbb;

body, dl, dt, dd, ul {
    margin: 0;
    padding: 0;
}
img {
    max-width: 100%;
}
.blog {
    width: 808px;
    font-family: 'Noto Sans JP', sans-serif;
}

@media (max-width: 807px) {
    .blog {
        width: auto;
    }
}
.blog-recent {
    display: flex;
    gap: 32px;
    @media (max-width: 807px) {
        flex-wrap: wrap;
    }
    @media (max-width: 575px) {
        flex-direction: column;
        gap: 48px;
        padding: 0 40px;
    }
    a {
        flex: 1;
        color: $black;
        text-decoration: none;
        &:hover, :focus {
            color: #621862;
```

```scss
            }
            @media (max-width: 807px) {
                flex: 0 1 auto;
                width: calc((100% - 32px) / 2);
            }
            @media (max-width: 575px) {
                width: 100%;
            }
        }
    }
}
.blog__item {
    border-bottom: 1px solid $lightgray;
    border-top: 3px solid $black;
    display: flex;
    flex-direction: column;
    height: 100%;
}
.blog__title {
    font-size: 0.9375rem;
    line-height: 1.73;
    order: 3;
    padding-bottom: 16px;
    padding-top: 14px;
    text-decoration: underline;
}
.blog__image {
    order: 1;
    padding-top: 8px;
}
.blog__date {
    color: #666666;
    font-size: 0.75rem;
    order: 2;
    padding-top: 14px;
}
.blog__author,
.blog__tag {
    background-position: 0 center;
    background-repeat: no-repeat;
    background-size: 16px 16px;
    border-top: 1px dotted $lightgray;
    color: $black;
```

```
        font-size: 0.75rem;
        min-height: 16px;
        padding: 6px 5px 6px 30px;
    }
    .blog__author {
        background-image: url(./icn_author.png);
        margin-top: auto;
        order: 3;
    }
    .blog__tag {
        background-image: url(./icn_tag.png);
        order: 4;
        ul {
            display: flex;
            list-style: none;
        }
        li+li::before {
            content: " ／ ";
        }
    }
}
```

解答例では、ネストと変数の機能を使いました。何度か登場するカラーコードを2つの変数として登録し、使い回しています。また、ネストの形にすることで、同一の class セレクタをくり返し記述するのを避けています。なお、メディアクエリーはこのように記述することで「むしろわかりづらい」と感じる人もいるかもしれません。コーディングルールが設けられているプロジェクトでは、メディアクエリーの記述位置が決まっていることもあります。その場合はルールに合わせ記述しましょう

# ⬤ INDEX

**千貫りこ（せんがん・りこ）**

フリーランスのWebサイトクリエイター。主な業務はWebサイトの企画・制作。街のクリニックから誰もが知るナショナルブランドまで、クライアントは多種多様。プロクリエイター向け講座の講師、専門学校での非常勤講師（現在は休止中）をつとめる他、2018年より株式会社メンバーズの技術顧問に就任。若手社員育成のため月1回の講座と新入社員研修を担当。これまでにレビューしたコードの数は1,000を超える。

装丁・本文デザイン：宮嶋章文
DTP：BUCH⁺
イラスト：徳丸ゆう

プロのコーディングが身につく
HTML/CSS スキルアップレッスン
エイチティーエムエル シーエスエス
すぐに活かせてずっと役立つ現場のテクニック

2023年1月17日 初版第1刷発行

著　　　者　　　千貫りこ
発　行　人　　　佐々木幹夫
発　行　所　　　株式会社翔泳社（https://www.shoeisha.co.jp）
印刷・製本　　　株式会社ワコープラネット

ISBN978-4-7981-7300-9
Printed in Japan